THE NATURAL STEP
FOR COMMUNITIES
How Cities and Towns can Change to Sustainable Practices, chapters 4-14

スウェーデンの持続可能なまちづくり

ナチュラルステップが導くコミュニティ改革

Sarah James & Torbjörn Lahti
サラ・ジェームズ&トルビョーン・ラーティー
高見幸子 監訳・編著　伊波美智子 解説

新評論

もくじ

序説	ナチュラル・ステップのフレームワークで成功した自治体の事例 ——エココミューンのチャレンジ（高見幸子） 3

ナチュラル・ステップとは？ …………………………………………4
　●四つのシステム条件 ………………………………………………8
　●バックキャスティング ……………………………………………11
スウェーデンはどのようにして環境先進国になったのか …………14
なぜ、日本にナチュラル・ステップを導入したいのか ……………19
なぜ、日本で本書を著したのか ………………………………………22
アメリカ人が見たスウェーデン
　——サステイナブル・スウェーデン・ツアーから生まれた本 …24
アメリカ人が感動したこと ……………………………………………26
エココミューンの総会と国際シンポジウム …………………………27
　●アメリカの自治体の環境への取り組み …………………………28
　●日本の自治体の先進的な取り組みの事例 ………………………30
本書をより理解していただくために …………………………………33
　●共通点 ………………………………………………………………33
　●相違点 ………………………………………………………………34

第1章｜スウェーデンのエココミューン──その背景　40

◆ エココミューンの四つの世代 …………………………………………42

第2章｜再生可能なエネルギーへの転換　45

◆ なぜ、エネルギーを転換するのか ……………………………………45
◆ 風力・太陽エネルギーの利用 …………………………………………46
　　ファルケンベリ──風と太陽を都市の熱・電力供給に利用する ………46
　　　● ファルケンベリの風力発電所 ………………………………………47
　　　● ファルケンベリの太陽光パネル ……………………………………48
◆ カンゴス集落──ハイテクである必要はない ………………………50
　　　● 再生可能なエネルギーという選択 …………………………………51
◆ 資源としての廃棄物──バイオマス …………………………………52
　　　● エスキルストゥーナコミューンについて …………………………53
　　　● エスキルストゥーナのコージェネレーションバイオマスプラント …53
　　　● デーゲフォーシュコミューンについて ……………………………55
　　　● デーゲフォーシュコミューンがバイオマスに転換 ………………56
◆ 脱化石燃料への旅──オーバートーネオコミューン ………………56
　　　● オーバートーネオコミューンの転換 ………………………………56
◆ 資源としてのゴミ──ウメオコミューンではゴミは電力に変わる ……58
　　　● ウメオのエネルギー危機 ……………………………………………59
　　　● ドーヴァコージェネプラント ………………………………………60
◆ スウェーデンのエネルギー状況──スナップショット ……………62

第3章 化石燃料車からの脱却——輸送と交通　65

- ◆ はじめに ……………………………………………………………………65
- ◆ エスキルストゥーナ——自然の法則に則った交通システム計画………66
  - 改革前のエスキルストゥーナの交通概況 ……………………………67
  - 6分野の目標設定 ………………………………………………………68
  - 連携グループ ……………………………………………………………70
  - システム思考でのアプローチ …………………………………………70
- ◆ ルーレオコミューン——車社会からの脱却 ……………………………70
  - 現状の調査 ………………………………………………………………72
  - 代替案の展開 ……………………………………………………………72
  - 実際の取り組み …………………………………………………………73
- ◆ ルーレオとオーバートーネオによるエコドライビングのサポート …73
- ◆ ストックホルムでの化石燃料自動車の削減 ……………………………75
- ◆ コミューンの公用車両の転換 ……………………………………………76

第4章 環境配慮型住宅　79

- ◆ エコロジカルでない住宅——スナップショット ………………………79
- ◆ エコロジカルなコミュニティ
  - ——ウンデンステーンホイデン、ツッゲリーテ、ルースクーラ・エーコビー…82
  - ウンデンステーンホイデンの環境配慮型住宅 ………………………83
    - ● 環境的側面 …………………………………………………………84
    - ● 価格 …………………………………………………………………87
  - ツッゲリーテの環境配慮型住宅 ………………………………………87
    - ● 環境的特徴 …………………………………………………………88
    - ● コミュニティの生活 ………………………………………………88
  - ルースクーラ・エーコビー・エコヴィレッジ ………………………89

- ●民主的な設計プロセス …………………………………………90
◆ スラムから都市庭園へ──ピラミーデン・アパート ……………91
◆ グリーンな開発を奨励する町──ブランドメスタレン住宅 ……94
◆ 低価格住宅をエコロジカルに
　──ファルケンベリコミューンが経営する住宅 ………………97

第5章│グリーンなビジネス、グリーンな建築　　100

◆ はじめに …………………………………………………………100
◆ グリーンゾーン──大企業によるグリーンな発展の実験………102
　　グリーンゾーンはどのように始まったか………………………103
　　環境的特徴………………………………………………………104
　　市場における利益 ………………………………………………110
　　「これは環境面における慈善活動ではなく、堅実なビジネスだ」………110
　　グリーンゾーンとウメオコミューン……………………………111
◆ ソンガ・セービー──グリーンな開発はよいビジネス…………112
　　環境的特徴………………………………………………………112
　　サプライヤー（製品供給業者）を教育する ……………………113
　　グリーンな事業への転換がもたらす市場における強み………115
◆ 小さなビジネスもグリーンな事業で成功する …………………116
　　ボーレビイン製革所──皮なめしは自然な方法で ……………116
　　●皮なめしの自然な工法とは …………………………………117
　　●健康にもよく、ビジネスにもよい …………………………118
　　ナチュール・ヴェルメ社──グリーンな家庭用暖房はよいビジネス ……118
◆ 「Environmental Action Varmland」
　　──地域の環境ビジネスを応援する県（レーン）………………120
◆ 廃れない建築方法 ………………………………………………123

第6章│自給自足への道のり──エコロジカルで経済的なコミュニティ発展　128

- ◆ なぜ、自給自足は重要なのか……………………………………128
- ◆ 力を合わせて──カーリックスの集落 ……………………………131
    - 長い道のりへの第一歩…………………………………………131
    - 様々な成果………………………………………………………132
    - シークネス集落のエコ教会……………………………………135
- ◆ カンゴス集落におけるエコロジカルな復興
    - ──「協力することは報われる」………………………………135
    - 初めの一歩………………………………………………………136
    - プロジェクトの成果……………………………………………137
- ◆ 自給率とアイデンティティを守る──サーミの人々による旅 ………140
- ◆ エコロジカルで経済的な自給への旅──私たちが学べること………145
    - 地域の潜在力を再発見する……………………………………145
    - 既存の資源を活かす……………………………………………145
    - 地域で生産する…………………………………………………145
    - 「エコ・ニッチ」を探し出す…………………………………146
    - 効率的かつ公正にニーズを満たす……………………………146

第7章│エコロジカルな学校と環境教育　148

- ◆ はじめに……………………………………………………………148
    - 学びについて……………………………………………………148
    - 学校の施設について……………………………………………149
- ◆ エスキルストゥーナ──エコロジカルな学校を建てたコミューン ……150
    - 有害物質を使わない学校建築…………………………………151
    - テーゲルヴィーケン基礎学校のエコロジカルなカリキュラム ……153
- ◆ オーバートーネオ──小さな町が建てたエコロジカルな学校 ………155

- ◆ ミィリョフォースクーラ学校──幼児から始まる環境教育 ……………156
- ◆ カンゴス集落のエコロジカルな学校 ………………………………158
- ◆ ツヴェーレッド
  - ──コミュニティと子どもが共同で設計するエコロジカルな学校……159
  - ツヴェーレッド基礎学校の運動場を設計する …………………161
- ◆ エコセントルム──ビジネスと学生のための環境教育 ……………163

第8章│持続可能な農業──地元で健康的に栽培する   169

- ◆ 持続可能でない農業──スナップショット ………………………169
  - ● 石油 ……………………………………………………………169
  - ● 化学物質 ………………………………………………………170
  - ● 農地の喪失 ……………………………………………………170
  - よいニュース ……………………………………………………171
  - 自治体は農業にどのような影響を与えることができるのか ………171
- ◆ ローゼンダール農園──都市の中心部にある有機農園 ……………172
  - ローゼンダール農園における有機農業の始まり …………………174
  - ローゼンダールのビジネス的側面 …………………………………176
- ◆ マスクリンゲン農業組合──郊外の組合経営の農場 ………………176
  - 指針は持続可能な農業 …………………………………………177
  - 食糧の生産に使用されるエネルギーの割合 ……………………178
  - 持続可能な農業技術 ……………………………………………178
- ◆ 小規模な家族経営の農園が有機認証を受ける ………………………179
- ◆ コストサービス（配食センター）──有機農業は「エコ・ニッチ」…182
- ◆ 「KRAVは有機であることを保証する」………………………………183
  - 有機認証の原則 …………………………………………………183
  - 健全で責任のある労働環境の基準 ………………………………184
  - 有機農産物市場を追う …………………………………………185

第9章 廃棄物と向き合う　188

- ◆ 「採る、つくる、捨てる」からエコロジカルな循環原則へ ……188
  - 火と鍛冶の神ウルカヌスがロンシャール精錬所で精力的に働く……190
  - 鍵は利益率 ……191
  - 環境負荷の削減 ……192
  - 挑戦は続く ……193
  - システムの成功を証明する ……194
- ◆ ルービッカ集落──手袋の町、リサイクルの町 ……194
  - リサイクル競争 ……195
- ◆ エコチーム──家庭ゴミを削減して楽しむ ……196
  - エコチームがすること ……196
  - コミュニティのエコチーム支援 ……198
- ◆ 下水処理──エーケビー湿地における処理場の成功 ……198
  - 湿地の働き ……199
- ◆ 互いに学ぶコミューン──湿地による対策と持続可能な発展 ……201
  - 協働する高地のコミューン ……201
  - 国境を越えたコラボレーション ……202
- ◆ 国の廃棄物処理──スウェーデンのスナップショット ……203

第10章 自然資源──生物多様性の保護　206

- ◆ なぜ、自然資源は重要か ……206
- ◆ ファルケンベリコミューンの取り組み──天然のサケを守る ……208
- ◆ カーリックス──川の修復に見るサステイナブルな施策 ……210
  - まとめ ……212
- ◆ スウェーデンにおける国家レベルの活動 ……213

第11章 持続可能な土地利用と都市計画 215

- ◆ 計画を実現に移すプランニングの過程 ……………………215
- ◆ ヨーテボリコミューンの概要
  - ——都市と地域住民の持続可能性のための計画 ……………217
  - ヨーテボリの都市計画 …………………………………218
  - ビスコープゴーデン——連携による近隣コミュニティの変化 ………220
  - ベーリション——問題地区からエコ地区へ………………221
  - ヨーテボリの温室効果ガスの排出削減 ………………223
- ◆ サーラコミューンの持続可能な都市計画立案への参加 ………224
  - サーラのエココミューン構想——新しいタイプの計画 ………225
  - サーラの都市計画案の成果 ……………………………226
    - ● 再生可能エネルギーへの転換 …………………………226
    - ● 緑化ビジネスの発展 …………………………………226
    - ● リサイクル ……………………………………………227
    - ● 生物多様性の保護 ……………………………………227
    - ● エコ学校の建設 ………………………………………227
    - ● 環境負荷の少ない庭造りの指導 ………………………228
  - 教育、トレーニング、そして指標 ………………………229
- ◆ スウェーデンの都市計画と持続可能な発展——優位性と挑戦 ……230
  - 国の援助 …………………………………………………230
  - 残された挑戦………………………………………………231
  - 私たちは何を学ぶか ……………………………………232

| 解　説 |（伊波美智子） | 234 |

エココミューンの成功事例を通して見るスウェーデン社会の特質 ……235
コミューンの環境政策を支える三つの基盤 ………………………………236
　　環境民主主義………………………………………………………………236
　　自然享受権…………………………………………………………………237
　　リーダーに対する信頼……………………………………………………238
ビジョン（環境政策の方向性）の共有と合意形成に向けて ……………239
　　システム的・統合的アプローチ…………………………………………240
　　環境問題はよいビジネスチャンス──エコロジーとエコノミーの融合…241
ナチュラル・ステップと沖縄 ………………………………………………243
沖縄で持続可能な社会をめざすということ ………………………………243
那覇市の取り組み ……………………………………………………………244
　　持続可能な開発と観光産業………………………………………………246
　　軍事基地と持続可能性──普天間基地の移設問題に関連して ………248

編著者あとがき ………………………………………………………………251
付録・エココミューンの取り組みの手順 …………………………………253
参考文献・資料一覧 …………………………………………………………257
索引 ……………………………………………………………………………267
国際NGOナチュラル・ステップ　ジャパンのご案内 ……………………271

本書に登場するコミューン一覧

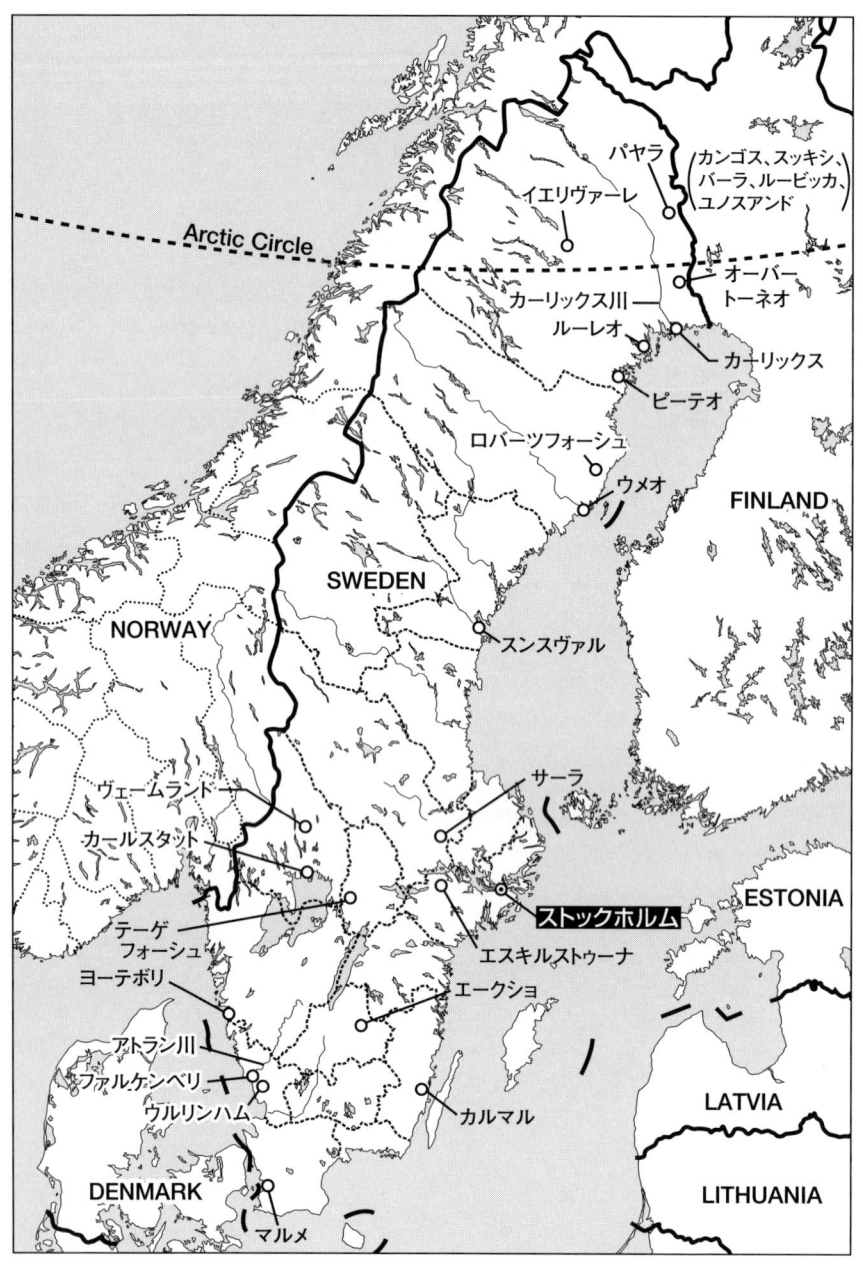

スウェーデンの持続可能なまちづくり
－ナチュラル・ステップが導くコミュニティ改革－

THE NATURAL STEP FOR COMMUNITIES : How Cities
and Towns can Change to Sustainable Practices,
chapters 4-14 only written by Sarah James and Torbjorn
Lahti
First published New Society Publishers, Gabriola Island,
British Columbia, Canada
Copyright © 2004 by Sarah James and Torbjorn Lahti
Japanese translation published by arrangement with
New Society Publishers, Tronto, Canada through The
English Agency (Japan) Ltd.

序説

ナチュラル・ステップのフレームワークで成功した自治体の背景
―― エココミューンのチャレンジ

高見幸子（国際NGOナチュラル・ステップ ジャパン代表）

　日本にスウェーデンの環境NGOである「ナチュラル・ステップ」が紹介されてからちょうど10年がたった。その発端となったのが『ナチュラル・ステップ』（カール＝ヘンリク・ロベール／市河俊男訳、新評論、1996年）の翻訳出版であり、私がその2冊目として『ナチュラル・チャレンジ』（カール＝ヘンリク・ロベール、1998年）を訳出して同じ出版社より刊行した。そして今回、3冊目となる本書を、ナチュラル・ステップの活動に共鳴していただいている私の仲間たちとともに訳出および執筆して出版することになった。

　本書は、『The Natural Step for Communities』の抄訳（第1章から11章に掲載しているスウェーデンの地方自治体の活動事例）と、「序説」、「解説」として日本におけるナチュラル・ステップの活動などを私と伊波美智子教授（琉球大学）が執筆して全体の構成を行った。言ってみれば本書は、スウェーデン、アメリカ、日本という3国のコラボレーションのもとにできあがったものといえる。各国の関係者の方々のご厚意に感謝するとともに、私は日本におけるこの10年間のナチュラル・ステップの活動を伝える機会に恵まれたことを大変うれしく思っている。

さて、本書においてこれから紹介していくスウェーデンのコミューン（地方自治体）の活動事例においては共通するところがある。それは、彼らがとった環境対策の指針となり、コミューン全体が発展するようなプランを立てる際のフレームワークになった考え方がナチュラル・ステップの開発したものであるという点だ。ナチュラル・ステップについての詳しいことは先に挙げた2冊を読んでいただくこととして、以下では、その概略を簡単に紹介しておこう。

ナチュラル・ステップとは？

ナチュラル・ステップは、1989年に、小児癌の医者だったカール＝ヘンリク・ロベール（Karl=Henrik Robert）博士が科学を基盤にして創設した国際的なNGOである。この当時、スウェーデンでは環境問題が顕著になっていたが、その対策が遅々として進んでいなかった。多くの人が、持続可能な社会への方向転換が必要ということは感じていても、その壮大なチャレンジに向かう自信がなかったわけだ。

多くの人々は、「私一人が取り組んでも無駄だ。スウェーデンのような小さい国がいくらやってもだめだ」と思っていた。そのような風潮の中でロベール博士は、持続可能な社会を築くために必要なことはリーダーシップをとって模範例を示すことであると説いた。また、スウェーデンでは民主主義と地方分権が他国よりも進んでおり、国民の教育レベルが高いということから、世界のリーダーシップをとってその模範例になるだけの条件が整っていると世論に対してアピールした。そして、「もし、スウェーデンでできなかったら、いったいどこの国が模範例となれるのだ」とも付け加えた。

ナチュラル・ステップの特徴は、科学を基盤として、産業界の批判をせず、政治、宗教においても中立な立場をとるところにある。当時は、いかにスウェーデンといえども環境保護団体と企業が激しく対立していた。それがゆえに、批判をしないというナチュラル・ステップの姿勢が企業に受け入れられることになった。世界25ヵ国に126のチェーン店をもつ家具店の「イケア」（2006年4

月24日、船橋店がオープン）がナチュラル・ステップの最初の顧客になり、ロベール博士はイケアとの対話を通して、自らが生み出したフレームワークを企業活動の中で使える具体的なツールに開発することができたと言う。

その後、北欧最大のホテルチェーンの「スカンディックホテル」や「スウェーデン・マクドナルド社」、「JM建設会社」、ヨーロッパ最大の家電メーカーである「エレクトロラックス社」などと契約を結んで仕事をするようになった。また、コミューンのほうでは、ナチュラル・ステップの提唱する持続可能な社会の原則である「四つのシステム条件」（8ページより参照）を環境方針に取り入れた60のエココミューンのネットワークができ（2006年7月現在は68）、「アジェンダ21」の中でナチュラル・ステップのフレームワークが活動のツールとして活溌に使われるようになった。

設立から6年たった1995年、ナチュラル・ステップはすでに80の大手企業のトップセミナーを実施していた。そして、企業の従業員とコミューンの職員含めて10万人以上の人々がセミナーを受講するに至っていた。他の環境保護団体もこのころに同じく急成長をしたわけだが、たった5年で社会にもっとも影響力のある4大環境保護団体の一つにナチュラル・ステップがなり得たのは、それだけ社会のニーズに応えられる内容をもっていたからといえる。

現在、スウェーデンの企業の中で環境対策を「する」か「しない」かを論議しているところはない。環境対策に取り組むことは当然となっており、それをどのように行うのかを検討する段階になっている。環境と経済は相反しない、「環境によいことは経済にもよいことだ」という考えがスウェーデン社会に浸透したのは、ナチュラル・ステップの貢献によるところが大きかったといえる。

ナチュラル・ステップは、科学に基盤を置く持続可能な社会の原則からバックキャスティング（11ページからを参照）をして、持続可能な社会を構築することを国、自治体、企業、組織に対して提唱している。その考え方は、この激変する時代に、また社会が持続可能な社会に大きく方向転換していかなければならない時代に大変強力な力となっており、ナチュラル・ステップのフレームワークを導入したスウェーデンの企業やコミューンがそのことを見事に実証し

ている（このフレームワークについては、のちほどエココミューンでの取り組みを紹介する中で明らかにされる）。

　それでは、ナチュラル・ステップが提唱しているフレームワークと持続可能な社会の原則である「四つのシステム条件」について説明していこう。これは、持続可能な社会をシステム的に構築するための条件という意味である。
　現在、私たちの生命を支えている自然資源である農地や森林は消失しつつある。長期的な生産能力は、それらの自然資源を金属や化学物質が汚染することで減少方向にある。そのうえ、温室効果ガスによる気候変動によってさらに大きな打撃を受けている。また、自然が新しい資源をつくりあげるだけの余裕もないほどのペースで貴重な資源が使い尽くされている。そして、そのように先細りの状態の中で発展途上国の10億人の人たちが餓死寸前となり、水分補給も危ぶまれている。それゆえに、社会の信頼が低下して暴力や紛争が起こり、それが環境破壊を生み出し、自然の恵みが減少して衛生と安全性が低下するというように環境と社会問題が悪循環を繰り返している。
　その人たちと今どんどん増えている地球の人口が、良好な健康や福祉、経済を求めている。世界中の人々に基本的なニーズが満たされるようにするためには、もっと資源が公正に使用されなければならない。それらのことを考えると、私たちの社会は「漏斗の壁」に向かって真っしぐらに進んでいる状態といえる。

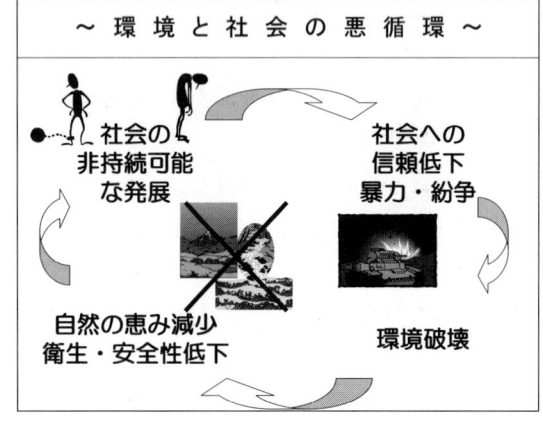

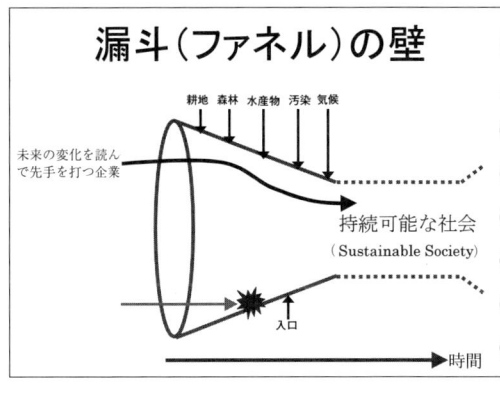

　もし、このまま何の解決も見いだせないとなると漏斗(ファネル)は閉じてしまうことになる。どうすれば、現状の傾きを止めて開いた状態にすることができるのだろうか。つまり、私たちが全面的に依存しているエコシステム（生態系）が劣化しないためにはいったい何ができるのだろうか。

　ナチュラル・ステップが、ユニークで持続可能な社会の構築に貢献できているのは、どのようにすれば現在のエコシステムの劣化を止めて持続可能な社会にすることができるかを科学的な裏付けの下に提唱しているところである。それが、次に説明する持続可能な社会の原則となる「四つのシステム条件」である。彼らは、まずエコシステムをどうすれば壊すことができるのかを考えて、それを「しない」ためにはどうするべきかを考え、現状の漏斗(ファネル)の傾きを止める方法を考え出したのである。

　私たちの社会は、現在、その原則から大きく違反しているが、そうした状況を決して改善できないというわけではない。長期的に戦略をもって取り組めば、必ず持続可能な社会をつくることができる。ナチュラル・ステップは、ただ現在の社会が持続不可能だと非難するだけではなく、解決策を提唱しているところがすばらしい。すでに、多くの自治体が、四つのシステム条件を長期的な目標にしてステップバイステップで取り組んでいる。また、それらの条件を満たす解決方法は様々にあるため、持続可能な社会を達成したときの状況は、国、自治体、企業によって違ったものとなるだろう。しかし、どこにおいても同じ原則が守られていることはまちがいない。

四つのシステム条件

持続可能性な社会では
システム条件1――自然の中で地殻から掘り出した物質の濃度が増え続けない。
システム条件2――自然の中で人間社会が作り出した物質の濃度が増え続けない。
システム条件3――自然が物理的な方法で劣化しない。
システム条件4――人々が自らの基本的ニーズを満たそうとする行動を妨げる状況を作り出してはならない。

システム条件1――これが意味することは、自然界で稀な鉱物をもっとありふれた鉱物に切り替え、物質を効率よく使って化石燃料への依存を継続的に減らすことである。

持続可能なオプションは、化石燃料ではなく再生可能な燃料や木材、繊維、陶器、ガラスなどの物質に切り替えることである。また、自然界にありふれてある金属をそうでないものと区別して使うことである。そのような金属ほど自由に使え、濃度が増えるという心配がなくリサイクルもできる。ちなみに、アルミニウムと鉄は銅やカドミウムよりもずっと自然界にありふれている。そのような金属を効率よく使い、洗練されたリサイクルシステムをつくることは自然界での濃度を増やすことを避ける方法となる。

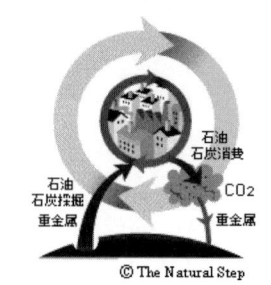

持続可能な社会でも、短期的には特殊な物質の採掘を増やす必要があるかも知れない。例えば、太陽電池に必要とされる特殊な自然界に稀な金属

（銅、インジウム、ガリウム、セレンなど）である。長期的な環境影響としては、そのような採掘は、太陽電池が再生不可能な燃料の需要を減らすので有益だといえる。

> ◎自治体の具体的な対策
> 歩行者優先の交通政策、再生可能なエネルギー源での熱供給と電力供給。再生可能な車両燃料を自治体の公用車に使う。リンや化学肥料を使わない農業を奨励する政策など。

システム条件2——これが意味することは、ある難分解で自然に異質な物質を自然界に存在するもっと簡単に生分解する物質に切り替え、社会が生産したすべての物質を効率よく使うということである。難分解で自然に異質な物質の例としては、PCB、DDT、フロン、ダイオキシン、塩化パラフィンなどが挙げられる。私たちは、すでに何百種の化学物質を体内に蓄積している。そして、新しい化学物質がどんどん増えつつある状況にある。

> ◎自治体の具体的な対策
> 有害な物質を使った建築材料を排除した健全な住宅のデザインと建築をすすめる。公園などに農薬や除草剤を使わない。自治体のグリーン購入として、難分解な化学物質を含まない製品を購入する。

システム条件3——これが意味することは、よく管理されたエコシステム（生態系）で生産された資源のみを使うことである。自然の循環では、私たちが出

す廃棄物は新しい資源に変わり、私たちに食物と酸素を供給してくれる。私たちは、森林乱伐採、魚の乱獲、肥えた農地の宅地化、都市開発、道路建設などによって自然の物理的基盤や多様性を破壊していっている。

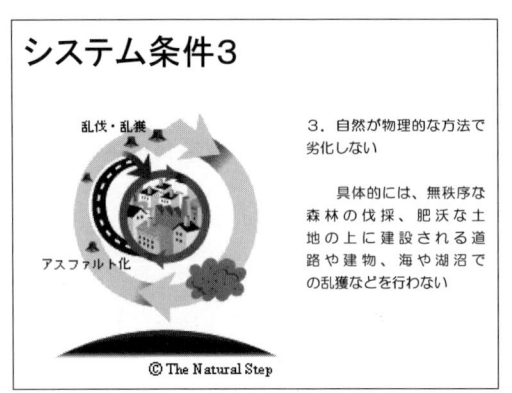

◎**自治体の具体的な対策**
自治体の建物を建てるとき、新しく森林や農地を使わず、すでに開発された工場地跡などを使う。景観、森林、生物の多様性を守る。節水、水のリサイクル、下水処理に植物や湿地を利用するなど。

システム条件4——これが意味することは、私たちが利用できる資源のすべてを、効率よく、公正に、責任をもって使うことである。そうすることで、すべての人々のニーズと、まだ誕生していない将来の人々のニーズが満たされるチャンスが最大になるからである。

ここでいうニーズとは、チリの経済学者のマックス・ニーフが定義をした九つの基本的ニーズのことである。(★1)それらは、身体的ニーズ(空気、水、食糧、家)、理解、安全、愛情、創造、レジャー、参画、生きがい、自由である。

現在、20％の世界の人口が80％の世界の資源を利用している。そして、貧富の差は拡大していくばかりである。明日、子どもに食べ物を与えられない父親に、システム条件1～3を満たすことを考えることはできない。私たちは、そのような発展途上国の人々のニーズとこれから生まれくる世代のニーズを考え、資源を効率よく公正に利用しなければならない。

つまり、自治体にとっては、住民のニーズをどのような政策で効率よく、相乗効果を上げて満たすことができるかを考えていかなければならない。よって、四つ目の条件は社会的な持続可能性の基盤となる。そしてまた、システム条件4は最初の三つのシステム条件を満たすことに成功するための前提条件ともな

る。
　現在の問題は何かというと、例えば貧富の差が広がっていること、飢餓、人生の意味や文化価値を失うこと、疎外感、犯罪、資源の使う方向を間違える（車の渋滞に時間がとられてしまう。働きすぎて、子どもと一緒に過ごす時間が減っている）などである。

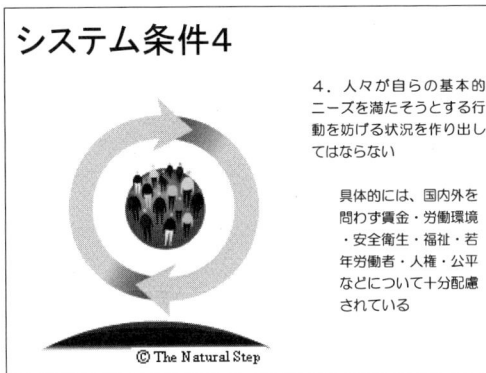

◎**具体的な対策**
地産地消を奨励。フェアトレード商品を買う。市民がもっと市の計画と決定に参加する。

　これら四つのシステム条件は、自治体や企業の意思決定のためのガイダンスにも使われている。そのメリットは、環境問題の上流、つまり問題の根源に焦点を当てられることである。

バックキャスティング
　ナチュラル・ステップは、これらの原則を使って長期・短期対策の戦略を構築するプロセスを開発した。それを、「ABCD戦略構築プロセス」と言っている。つまり、バックキャスティングのことであ

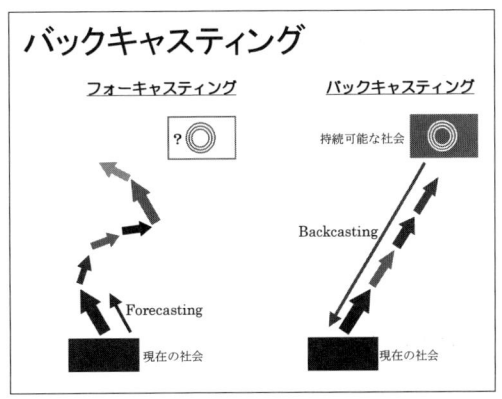

★1　(Manfred Max-Neef) 発展途上国の開発、とくに南米の貧困問題を取り上げている経済学者。1983年に、オルタナティヴ・ノーベル賞として知られる「Right Livelihood Award」賞を受賞している。

る。まず、あるべき姿を描いて、その最終到達点を意識してプランを立てていく方法である（要するに、成功した状態から現在を振り返る方法）。この方法は、大きな変革が必要なときや問題が複雑なときに使うと効果的である。環境問題と社会問題は非常に複雑な問題なので、この方法が有益なのである。その内容を説明していこう。

A（Awareness）——四つのシステム条件とそれをステップバイステップで満たすということ。また、戦略的な対策をすれば商業的にも得になるという考え方を、一緒にアクションプランを立てるグループで共有する。

B（Baseline Mapping）——持続可能性の観点から現在の事業で問題になる点を分析してすべてをリストアップする。同時に、その問題を解決しようとしている投資や対策も分析する。

C（Clear Vision）——解決策とビジョンをつくる。システム条件の枠内で創造性を使ってブレーンストーミング（自由討議）をしてビジョンと解決策を提案してリストアップする。

D（Down to Action）——Cのリストから優先順位を決め、変革のための具体的なプログラムを実施していく。

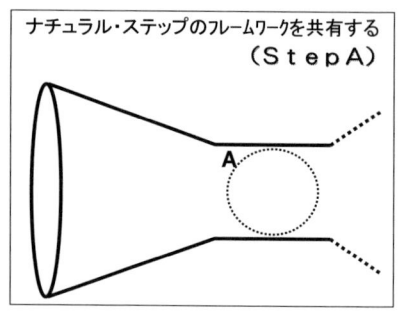

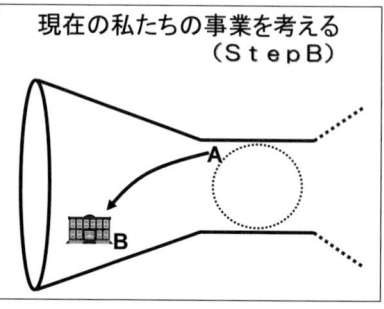

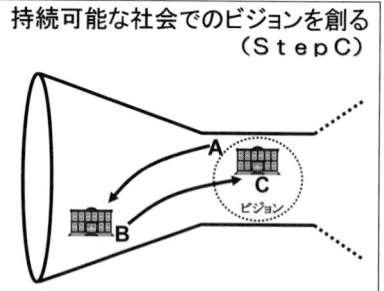

Dの段階で対策の中における優先順位を決めるが、どの対策が長期的な目標を達成するためのジャンプ台になるのかを確かめるために次のチェックリストを使う。そして、三つの質問の答えがすべて「はい」であった場合、その対策から始めることにする。

質問①この対策は、すべてのシステム条件を満たす方向に向かっているか？

ある対策は一つのシステム条件を満たすものだが、その代わりほかのシステム条件に違反するというトレードオフの場合がある。この質問をすることによって全体像が把握でき、必要かつ補充的な対策を見つけることができるかもしれない。

質問②この対策は、次の対策へのジャンプ台として柔軟な可能性をもっているか？

投資をする場合、それが大きいもので、かなり長期にわたってその投資に縛られることになる場合、さらによく吟味し、システム条件の方向性に合わせることが重要である。なぜなら、その対策が行き詰まりにならず、次のステップにつながるようにするためである。

質問③この対策に投資をすると速やかな見返りがあり、さらなる改善対策に投資できる可能性はあるだろうか？

例えば、節水、節電、省エネ、ゴミの削減などは直ちに節約になり、経済的な見返りがある。

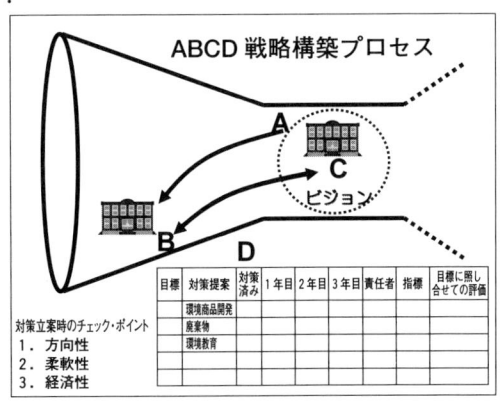

ナチュラル・ステップがアドバイスをしてきた各企業とコミューンは、このフレームワークを使って様々なプロジ

ェクトをこれまでに企画してきている。

スウェーデンはどのようにして環境先進国になったのか

　今でこそスウェーデンは「環境先進国」と言われているが、1970年代は酸性雨の問題に悩まされていた。その原因の90%がイギリスや中央ヨーロッパからの排気ガスということであったため、環境問題が単に自国内だけで解決できるものではないということをこの時点ですでに思い知らされていた。

　また、1970年代の前半にオイルショックがあったことを理由として、日本と同じように石油、石炭を海外からの輸入に100%依存していたスウェーデンは脱化石燃料化を目指すことにした。そして、地域暖房システムを長期的に構築して、エネルギー使用の効率化を図るとともに原子力発電所の建設に力を入れた。しかし、1979年3月28日、アメリカで原発事故（スリーマイル島）が起きると同時に国内での反対運動が活発化した。そして、1980年には原発の将来についての国民投票が行われ、その結果、過半数が脱原発路線を選ぶことになった。

　スウェーデン人の環境意識は、この30年間で段階的に高まっていったといえる。現在に至る、その過程を簡単に振り返ってみよう。

　まず、原発に関して国民投票をすることによってスウェーデン人の環境意識が高まった。そして次は、1980年代の半ばに特定フロンによるオゾン層の破壊という問題がクローズアップされた。また、熱帯雨林の伐採の問題、パンダ、トラ、アフリカゾウ、サイに代表されるように野生動物の絶滅危惧という問題が大きくメディアで取り上げられるようになり、これらのメディアからの情報提供が国民の環境意識に大きく影響を与えた。ちょうどそのころから、スウェーデンではグリーンピース(★2)や世界自然保護基金（WWF）(★3)が登場してそれぞれ会員が増えていった。つまり、自分は活動しないが、会員になって寄付をするという形で参加するという人が増えていったわけである。

　当時、私は学校の教師をしていたが、小学校や中学校の各クラスで募金運動

をして集めたお金をグリーンピースやWWFなどのNGOに寄付をするということが多くなっていた。つまり、ボトムアップ（Bottom up）の運動が広がっていったのだ。あるスウェーデンの小学校のクラスでは、熱帯雨林の消滅を防ぐために熱帯雨林そのものを買うという運動を始め、「子どものジャングル」(★4)というNGOを先生と生徒で設立して募金活動を始めた。彼らの活動はメディアにも取り上げられ、「ボディショップ」(★5)という環境先進企業の支援もあってかなり多額の募金を集めることができた。そして、そのお金でコスタリカの熱帯雨林を国から買って保護をするという運動に発展していった。

　これが切っ掛けとなって、何かをして環境保全に貢献したいと思っていた国民の心を動かすことになったわけだが、そのころの環境問題はまだ特別な人たちが取り組むものであった。しかし、1988年、スウェーデン人の誰もが環境問題に目覚めてしまうという大きな事件が起きた。スウェーデンの西海岸の沿岸で起きたアザラシの大量死である。人々は、何千頭というアザラシが苦しみながら死んでいっている姿をテレビ画面で見て、「ひどいことだ、人間が海をこんなに汚染してしまったのか」と大きなショックを受けたのである。

　原因はウイルスだったが、アザラシの抵抗力が落ちたということを考えると、やはり人間による海洋汚染のせいであろうという説が強かった。そして、その年の総選挙で初めて環境党が国会入りした。国民の環境問題への関心の大きさに驚き、既存の党もその年から次々と環境方針を打ち出し、環境政策が進んでいくことになった。

　とはいえ、国民自らがすぐに行動を起こしたわけではない。国民が環境対策としての行動を起こすようになったのは、1992年にリオ・デ・ジャネイロで開催された国連環境開発会議（地球サミット）(★6)のあとであった。

....

★2　国際的な環境保護団体。原子力、有害物質、森林、海洋生態学、地球温暖化を中心に活動している。
★3　世界最大の自然保護NGO。絶滅危惧種の保護から地球規模の環境問題を食い止める活動をしている。
★4　日本にも熱帯雨林の保護活動をする「にっぽんこどもじゃんぐる」という団体がある。〈www.jungle.gr.jp/〉
★5　（The Body Shop）イギリスの化粧品会社。環境と社会性を重要視した会社で、動物実験をしないことや、原料を発展途上国から正当な価格で購入するなど、社会的な信頼が高い。

リオから帰ってきたスウェーデン政府は、持続可能な社会を構築するためには、国民一人ひとりのライフスタイルが変わらなければならないことを認識した。国民の意識を変えて行動を促すためには全国民がそのための教育を受ける必要があると考えた政府は、国民の生活に一番近いコミューンに対して、環境教育をしてボトムアップで環境改善のためのアクションプランを打ち出すように働きかけた。そのために、政府が活用したのが地域の行動計画「ローカル・アジェンダ21」(★7)であった。政府は、すべてのコミューンにローカル・アジェンダ21を作成するよう勧告し、各コミューンは専門の部署を設置して人員を雇って作成に取り組んだ。そして、1996年秋にはすべてのコミューンがその作成を終えたのである。

日本では、「アジェンダ21」という言葉はあまり浸透していない。「環境基本法」というのが一番近いようにも思うが、いまひとつ意味合いが違うようだ。「アジェンダ21」において一番大切な要素は「ボトムアップ」といわれる考え方で（つまり、トップダウンではない）、住民やNGO、企業自らが自治体内の環境問題の解決策を考えて一緒にアクションプランをつくって行動をしていくということである。要するに、行政側の役人が立派な書類をつくって、棚に置いたまま結局実践がされないということがないようにすることである。

この「アジェンダ21」では、今まで行政の決定に参加してこなかった女性や子ども、そして少数民族が参画することも重要視されている。また、環境教育はアクションプランの基盤となるものであるため、スウェーデンの自治体では、最初の5年間は「なぜ、環境問題に取り組まなければならないのか」ということを全住民が理解できるようにあらゆる方法で啓発運動に力を入れた。

そのおかげか「アジェンダ21」の活動は全国規模で広がり、多くの住民が初めて、自分も持続可能な社会の構築に参画できることを体験した。そのメニューは、教育的に一番取り組みやすいことから始めるべきということで、生ゴミのコンポストづくりから始めた。容器のリサイクル法ができたことから素材別のステーションをつくって、ゴミの分別という取り組みがどのコミューンでも盛んになった。また、保育園や小学校での環境教育も盛んになったわけだが、このころの状況を、長年にわたって環境に取り組んできたスウェーデン人が「ケ

チャップ現象」と呼んでいた。つまり、ガラスのビンに入ったケチャップは、最初はなかなか振っても出てこないが、あるときドッと出てくる様子がそのときの現状に似ているというわけだ。

それまではグリーンピースのような環境活動派だけの動きが目立っていたが、「アジェンダ21」を通して「エコ」は隣のおじさん、おばさん、そして保育園の幼児に至るまで国民の誰もが取り組むテーマとなった。今振り返っても、このときが一番盛り上がっていたと思われる。

それから10年がたった現在、デポジット制度もゴミの素材分別もコンポストも当たり前のことになった。そして、スウェーデンのあらゆるスーパーマーケットには、トイレットペーパー類、洗剤や洗浄剤の陳列棚にも環境ラベルのついた商品がずらりと並んでいる。しかし、この10年間で地球温暖化問題が悪化していることはいうまでもない。そして、バルト海の富栄養化問題、重金属や有害な化学物質における水、土壌、大気汚染といった大きい環境問題はまだ解決できていないし、環境ラベルのついたオーガニック（有機）の野菜や肉が増えてきたといってもまだ全体の６％でしかない（日本は１％弱である）。

私たちは、次のステップに進むときに来ている。例えば、今までどこに行くにも車を使っていたライフスタイルから、必要なときのみに車を使って、通勤はできるだけ自転車に乗ったり公共交通機関を使うように努め、仮に車を利用する場合も、その車の燃費がかなりよい車、例えばハイブリッド車かエタノールかバイオガスで走るエコカーを選ぶ必要がある。また、暖房などのエネルギー源を石油から地域暖房、地熱のヒートポンプあるいは木質ペレットのボイラーに切り替えることも重要である。そして、毎日、化学物質のカクテルに侵されつづけている私たちの生活を考えれば分かるように、農業も無農薬で有機肥料を使う栽培方法をもっと広めなくてはならないし、その使用許可のハードルは高くしなければならない。今後は、企業が原料の代替化に努めなければなら

★6　地球サミットは、環境をテーマにした初めての大規模な国連会議であった。「持続可能な開発」という目標が合意され、世界の環境活動の指針となる「リオ宣言」と、それを実現するための行動計画「アジェンダ21」（21世紀の課題）が採択された。

★7　「アジェンダ21」では地方自治体の役割が重視され、地方自治体に独自の行動計画「ローカル・アジェンダ21」を策定することが求められた。

木質ペレット

ないし、使い古した製品はメーカーや輸入元が責任をもって回収してリサイクルをしなければならない。

とはいえ、これらのことは個人では決して解決できことばかりではない。そこで、国とコミューンと国民が持続可能な社会を目指すという同じ方向にベクトルを合わせて協力していく必要がある。その意味では、アジェンダ21の運動は大きな環境問題の解決にはつながらなかったかもしれないが、市民、NGO、企業、コミューンが動いて国を動かした点では大きな意義があったと思う。

1999年、スウェーデンは国会において「一世代で、今ある大きな環境問題を解決して次世代にわたす」と宣言している。そして今、国が税金、助成金などの誘導政策を講じることでその方向転換が早くできるように法律をつくっている。また、コミューンは、その政策を活用して様々なアイデアを出して、住民と一緒になって新しいチャレンジをしようとしている。その中でも、ナチュラル・ステップの持続可能な社会の原則である四つのシステム条件を自治体の環境方針としてネットワークをつくっている67のエココミューンはスウェーデン社会では模範例となっており、持続可能な社会を構築するうえにおいてリーダーシップをとるとともに大きな貢献をしている。

政府は、2005年10月、「2010年には、化石燃料に依存しない社会を築く」という画期的な宣言をした。その背景には、ヨーラン・パーション首相(★8)

ヨーラン・パーション
(藤井威著『スウェーデン・スペシャルⅡ』(新評論)より)

のビジョンがある。それは、「GrönaFolkhemmet（グリーンな国民の家）」と呼ばれ、スウェーデンのすべての家庭をグリーンで生活の質の豊かな家庭にするというビジョンである。そして、そのビジョンを実現させるために、環境とエネルギー、そして住宅を扱う「持続可能省（Ministry of Sustainable Development）」を世界で最初につくった。そして、ここには、すべての省において持続可能な政策が反映されるようにコーディネートをする役割も与えている。

先日、持続可能省のモーナ・サリン大臣[★9]の講演を聞いた。彼女は、「スウェーデンがいち早く再生可能なエネルギー源に切り替えることができれば国の経済にとっても有利になる」と語っていた。そして、その例として、スウェーデンの環境技術の世界への輸出が近年急速に伸びていることを挙げていた。

このように、スウェーデンは酸性雨に悩まされた1970年代から30年の時間をかけて、個人やNGO、メディアから始まったボトムアップの活動によってコミューンを動かし、そのコミューンが国を動かすようになった。そして、今、まだまだ全国民とコンセンサスがとれているわけではないが、多くの支持を得ながら国とコミューンがイニシアチブを取って、国民のボトムアップな活動とともに長い道のりを一歩一歩進んでいる状況にある。

なぜ、日本にナチュラル・ステップを導入したいのか

誰でも、社会に大きな問題があることを知ったら、何か自分も貢献したいと思い、何ができるのかを考えるものである。私の場合、まず環境団体の会員になることから始めた。今も、自然保護協会、グリーンピースの会員である。また、これまでに、野外生活推進協会の幼児向けの環境教育である「森のムッレ教室」[★10]のリーダーをしたり、アフリカゾウを守る会[★11]の理事となって募金活動を

★8　（Göran Persson）1949年生まれ。1996年から社民党の党首になり、1996年、スウェーデンの首相に就任。
★9　（Mona Sahln）1957年生まれ。2005年1月に持続可能省が発足し、初代の大臣に就任した。
★10　（Friluffsfrämjandet）1892年に発足。現在、約10万人の会員がいる。幼児から高齢者まで年齢層は広く、野外生活をすることで国民の健康状態を促進する団体。159ページの注も参照。

したりしてきた。そして、その流れの延長として、1989年、日本に「森のムッレ教室」を紹介した。これが切っ掛けとなって日本において同じ活動をする人たちのネットワークができ、日本の自然保護と環境保全の動きについての情報が入手できるようになった。

　ちょうどそのころ、私の出身地（兵庫県氷上郡市島町、現・丹波市市島町）においても高速道路建設や川の護岸工事などの自然破壊が進んでいた。最初、私は「故郷は遠くにありて思うべし」と目をつぶろうとしたが、世界で2番目の経済大国が持続可能にならないかぎり、スウェーデンだけでなくほかの国も持続可能な社会を構築することは不可能だと考え直した。また逆に、日本が持続可能な社会になれば、世界の持続可能な発展において大きな影響力があることも分かった。

　そのように考えると、私にできることは環境先進国スウェーデンの経験と知恵を活かして日本とスウェーデンの橋渡し役をすることだと思った。まず、意識を変えることの重要性を考えてスウェーデンにあるすばらしい環境教育を紹介しようと思った。その一つが、先に挙げた「森のムッレ教室」である。これは、自然の循環やエコロジーのことを幼児のころから五感を通して学んでいく教育方法である。私が日本に導入してからもうすぐ15年になる。これまでに1,500人ほどのリーダーが育っており、日本各地の保育園やボランティアのリーダーの活動の下で子どもたちがエコロジーを学び、自然を体感している。この活動は、一人ひとりの価値観を変えるうえにおいて非常に重要な教育であるだけでなく子どもたちの心身の発達においてもすばらしい成果が期待できるもので、これからの日本にとってとくに必要とされる教育だと思っている。

　しかし、持続可能な社会をいち早く達成するためには大人のほうこそ早く変わらなければならないとも思っていた。ちょうどそのときに、ナチュラル・ステップに出会ったのである。

　1989年、ナチュラル・ステップは環境問題について解説した冊子をカセットテープ付きで全家庭（約400万世帯）に無料で配布した。その冊子を、私の家庭でもテープを聞きながら読んだ。しかし、その後、ナチュラル・ステップの名前を聞くことはなかった。次にその名前を耳にしたのは、実はエココミュー

ンの一つであるエケロを訪問したときであった。

　1995年、日本の環境雑誌からの依頼を受けて、ストックホルムの郊外に位置し、環境対策に熱心なエケロコミューンに取材に行った。このときたまたま、コミューン議会において、コミューンが買う電力はすべて再生可能なグリーン電力にすると決議された。そして、そのコミューンのアジェンダ21の担当者にいろいろ話を聞いてみると、その彼が、「全職員に対してナチュラル・ステップの環境教育をする予定で、自分もインストラクターの養成講座を受けた」といって、そのときに使われた教材を私に見せてくれたのだ。

　これが切っ掛けとなって、ナチュラル・ステップと出会うことが多くなった。そして、時を同じくして、スウェーデンの小さな洗剤メーカーが、環境に優しく、洗浄力もよく、値段も安いという洗剤を発売した。それが、消費者庁（Konsumentverket）のテストで性能、環境配慮、価格のトータル評価において一番となり、環境意識の高い消費者からの注文が殺到して洗剤市場を揺り動かし始めた（その後、数年ですべての洗剤が環境ラベルのついたものになった）。

　この洗剤メーカーにも私は取材に行く機会を得た。すると、そこでもナチュラル・ステップの環境教育を受けたという話を聞いた。環境問題に先進的な取り組みをしているコミューンや企業に対して環境教育をしているナチュラル・ステップとはいったいどんな団体で、どのような内容の教育をしているのかと興味をもち始めるようになった。そして、ナチュラル・ステップを取材し、自らナチュラル・ステップの基礎講座とアドバンス講座を受講することにしたわけである。

　ロベール博士の講演を聞いたあと、日本に必要なコンセプトはこれだと思った。彼の考え方は自然科学が基盤となっているので、世界中のどの国でも同じように使うことができる。経済と環境が密着しており、環境によいことは経済にもよいことを科学的に説明しているために共感も得やすい。スウェーデンのコミューンや企業が、この考え方をベースとしてシステム的に対策を進めてい

★11　(Skogs Mulleskola) 野外生活推進協会の中にある幼児向けの自然教室のこと。1957年に始まり、現在まで200万人のスウェーデン人が体験している。「ムッレ」という架空の森の妖精を登場させ、子どもにファンタジーを与えながら自然保護の心を育む活動をしている。

ることを理解し、この活動を日本にぜひ紹介したいとも思った。

そしてそれは、冒頭に紹介した書籍である『ナチュラル・ステップ』の翻訳を手伝ったレーナ・リンダル（Lena Lindahl）と彼女の仲間、そして日本の企業で環境問題に関心をもって活動していた人たちとの出会いで実現することができた。1997年にナチュラル・ステップの設立委員会をつくり、2年間の準備ののちに1999年にNPOを設立して日本での活動が始まった。そして、私はその年の秋から、ストックホルムと東京の二重生活をしながら「国際NGOナチュラル・ステップ」の代表として、日本の企業と自治体が行う持続可能な発展に向けての取り組みに対して支援活動を行うこととなった。

なぜ、日本で本書を著したのか

これまで7年間にわたってナチュラル・ステップの活動を日本で行ってきて、壁に突きあたった感じがしている。スウェーデンのナチュラル・ステップでは、最初の5年間は「WHY」つまり「なぜ環境対策をするべきか」の教育を徹底することに専念した。その結果、現在においては環境問題に取り組まなくてもよいと思っている企業やコミューンは存在しない。「HOW」つまり「どうやって取り組むか」という段階に達しており、ナチュラル・ステップが取り組みの支援をしているという状態だ。しかし日本では、最初の「WHY」は必要とされず、すぐに「HOW」を求めてきた。その一例として、「ISO14001」の認証取得件数の伸びが挙げられる。

ISO14001も、ナチュラル・ステップと時を同じくして日本に導入されている（1997年）。2006年春までのISO14001の認証取得件数は2万件以上に上り、世界一の取得数ともなっている。日本の企業は、ISO14001のように具体的なマネジメントシステムを取り入れることの必要性はすぐに理解するのだが、従業員や職員の意識を高めて一緒にアクションプランを立てるためのワークショップを開催しようという根本的な方法論に対する必要性に関しては理解されることが少なかった。

確かに、日本でナチュラル・ステップの活動を始めた1999年の段階では、ま

だ「HOW」についてアドバイスができるだけのノウハウがこちらのほうにもなかった。それゆえ、「ナチュラル・ステップの考え方は分かったが、では、具体的にどうしたらよいのか？」という質問に対してどのように答えていけばいいのかと苦労もした。

スウェーデンでは、考え方だけを提供して、解決策は自分たちで自由に考えることが当然とされている。「WHY」が分かれば自分で解決策を考えていくというのが当たり前で、「HOW」の事例集というものがなかった。日本では、やはり「HOW」が最初から提供されているISO14001のほうが取り組みやすい対象であったと今さらながら思う。しかし、環境対策の初歩段階ならまだしも、システム的に高い目標を立てて大きな転換をするという段階になってくるとナチュラル・ステップのフレームワークが必ず必要になってくるはずだ。本書を紹介する意味もここにある。どのような具体的な対策を講じたことでスウェーデンが成功したかを紹介することで、日本の「HOW」という要求にこたえられるのではないかと思っている。

これまでの活動を振り返ってみて、日本においては最初から「WHY」と一緒に「HOW」を提供するべきであったと反省している。ナチュラル・ステップのフレームワークで「WHY」の説明をして、その上でスウェーデンの成功事例を体系的に説明した本があり、それを参考にしてワークショップができれば想像以上の効果が期待できる。また、この本に紹介されている北部のエココミューンには私も原著者たちと一緒に視察をして感動を受けてきただけに、日本で活動している人たちに対しても臨場感豊かに伝えられると確信している。

次に、サーラ・ジェームスというアメリカ女性がイニシアチブを取って、トルビョーン・ラーティ氏と共著という形でまとめられた本書（第1章〜第11章の部分）が誕生するまでを紹介しておこう。ただ、冒頭でも申し上げたように本書に掲載をしたのはその一部分であって、実際の原書には「ナチュラル・ステップのフレームワークの紹介」と、トルビョーン氏が現在取り組んでいるロバーツフォーシュコミューンでの体験を基盤にした「エココミューンの取り組み手順」（付録として巻末で簡単に紹介）が記されていることを申し添えておく。

アメリカ人が見たスウェーデン
――サステイナブル・スウェーデン・ツアーから生まれた本

　『The Natural Step for Communities』の共著者であるトルビョーン・ラーティ（Torbjörn Lahti）は、1980年代にはオーバートーネオコミューンの都市計画のコンサルタントをしていた。また彼は、オーバートーネオがスウェーデンで最初のエココミューンになるために支援をした人物でもあり、「ESAM」というアジェンダ21の取り組みをコンサルタントする会社も立ち上げている。そして、何と言っても、スウェーデンの全コミューン289の内で160のコミューンにおいてナチュラル・ステップのフレームワークを使った持続可能性の教育とワークショップを行ったという実績をもっている。彼こそ、この本に登場するコミューンの成功を導いた人物である。

　ナチュラル・ステップの創設者であるカール＝ヘンリク・ロベール博士は大企業の意識変換をして成功事例をつくったわけだが、トルビョーン・ラーティのほうはスウェーデンのコミューンの意識変革をした。どちらも、スウェーデンが環境先進国になるうえにおいて大きな貢献をした人物といえる。

　彼はエココミューンのネットワーク組織のアドバイザーでもあり、常々、「スウェーデンのエココミューンは世界的にも最先端を行っているため、これから環境対策に取り組もうとしている国々に自らの体験を公開し、経験を分かちあってネットワークを拡大していかなければならない」と言っている。そして、オーバートーネオがエココミューンになったとき、「オーバートーネオだけがエココミューンになっても持続可能な社会は生まれない。スウェーデン全体が持続可能にならなければ成功とは言えない」と語っている。

　これは、国レベルでも同じことがいえる。スウェーデンが環境先進国になっても、世界全体が持続可能にならなければそれを維持することはできないということである。そういう意味も含めて、彼は「エココミューンがもっと国際的なネットワークをもって、世界が一緒に活動すべきだ」と主張している。

　その彼が、言葉通りに海外とネットワークを築くために、2001年に初めて外

国人のために「スウェーデン・サステイナブル・ツアー」を企画した。このツアーに、この本の共著者であるサーラ・ジェームス氏と私が参加した。彼が企画したサステイナブル・ツアーは、長年スウェーデンに住んでいる私にとっても大変新鮮なもので、２週間にわたるインパクトの大きい学びの体験ツアーであった。

北極圏の境界点で記念写真。右端がサーラで、その隣が筆者

　視察先となったエココミューンは応募によって決められた。全国67のエココミューンの中から、外国からの視察団に自分たちの持続可能な社会の構築のための活動と体験を紹介したいと思うコミューンを募ったところ、本書に登場するコミューンが手を挙げ、それに基づいてESAMがコーデイネートしてツアープログラムを作成した。それゆえか、スウェーデンの南から北の北極圏にあるコミューンまで幅広く視察できるというすばらしいエコツアーとなった。参加者は、アメリカから４人、ニュージーランドから１人、日本から２人という七人のメンバーとなった。

　サーラは、最初からこの本を書くことが頭にあったのかもしれない。視察先から次の視察先に行くミニバスの中で、助手席に座っていたトルビョーンを質問攻めにしていた。彼女が詳細に聞いていたことは、エココミューンの成功事例がどうやって生まれたのか、そしてトルビョーンが彼らをどのように説得し、指導していったのかということだった。

　トルビョーンは、スウェーデン初のエココミューンとなったオーバートーネオコミューンの出身である。日本でも「北国の人は口数が少ない」とよくいわれるが、スウェーデンも同様で、彼も自分から進んで何でも話をするというタイプではない。彼の経験を引き出すためにかなりの根気を必要としたようだが、

サーラはあきらめることなくトルビョーンから成功の秘訣を引き出して、最終的に本書をまとめることに成功したわけである。

ちなみに、サーラはトルビョーンと同じく、都市計画や自治体の持続可能な発展を専門としたコンサルタント会社の代表である。そのため、本書で紹介される事例は、都市計画をする立場の人間にとって参考になるように、システム的に事例を分類して客観的に紹介してくれている。

このエコツアーの間、サーラと私はホテルのルームメイトであった。彼女は、アメリカの浪費的なライフスタイルとは違うオルタナテイブなライフスタイルを自ら実践している知識階級の人である。健康を考えて、生野菜を主食としたベジタリアンでもある。旅行中の彼女は、可能なかぎり朝早く起きてホテルの近くをジョギングし、その後、芝生で座禅を組んでメデイテーションをしていた。とても謙虚だけれど好奇心が強くて、視察先でも常に積極的に質問をしていたことが印象に残っている。

アメリカ人が感動したこと

アメリカ人のサーラがスウェーデンのエココミューンの実態を見て感じたことは、日本人の感想に非常によく似ている。それは、ある意味でアメリカと日本の持続可能性の理解と対策状況が似ているからであろう。両国とも、持続可能な社会の構築にいち早く踏み出して成功事例を創出しているスウェーデンに対して敬意をもっている。アメリカも日本も大国であるために、国内において持続可能な発展についてのコンセンサスがまだまだ取れていないし、政府レベルでは今まで通りの経済成長を夢見ているせいか、「持続可能な発展」ということの意味が理解できていないようにも思える。それは、「アメリカでも、アジェンダ21を知っている人は少ない」というサーラの言葉からもうかがえる。

アメリカ人も、日本人と同じようにスウェーデンの民主主義が進んでいる点と地方分権のあり方には興味をもっている。それだけに、長い間、国内において環境問題に取り組んできた人たちにとっては複雑な思いがあったようだ。

ツアーの参加者の中に、アメリカで長年にわたって環境NGOの活動をして

いる男性がいた。ツアーの最終日に、参加者が一人ひとり感想を述べるという機会があったのだが、そのとき彼は、「今回のツアーで様々な成功事例を見ることができ、そして地域で頑張っている多くの人々に出会えて本当によかった。自分は、『もう、世界はだめだ』と悲観的な考えをもっていたが、スウェーデンの事例を見たことで『やればできる』という希望が再び出てきた。アメリカに帰ったら、必ず自分の自治体をトルビョーンがしたようにエココミューンにするため頑張る」と、涙を流しながら語った。

　日本にも、長年にわたって環境運動を行ってきたが厚い壁にぶつかって悲観的になっている人たちが大勢いる。その人たちが本書を読まれて、このアメリカ人のように自信を取り戻してもらえることを願っている。ちなみに、ツアーから4年たった2006年春、エココミューンの国際シンポジウム（次節で詳述）におけるサーラの講演の中で、ウィスコンシン州（Wisconsin）のマデイソン市（Madison）がエココミューンになったという報告があった。そして、その実現のために活躍したのが、まさしく最後の挨拶でトルビョーンと約束をしたあのアメリカ人であった。

エココミューンの総会と国際シンポジウム

　2006年3月、私はトルビョーンから電話をもらった。4月6日にスウェーデンのエココミューンの総会があり、その前日に国際協力についてのシンポジウムを企画しているとのことだった。エココミューンの担当者が80人ほど参加する総会で、その席上においてサーラがアメリカにおける活動を紹介することになっているという。そして、元ナチュラル・ステップ ジャパン理事のレーナ・リンダルと私に、日本の自治体の現状とスウェーデンのエココミューンとの間でどのようなコラボレーションを望むのかというテーマで講演をしてほしいという依頼があった。4年ぶりにサーラに会える楽しみと、初めてスウェーデンにおいて日本の地方自治体の事例紹介ができるという二重の喜びに浸ることができた。

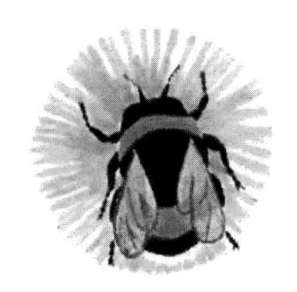

マルハナバチ

国際シンポジウムの冒頭で、まずトルビョーンがエココミューンの歴史について話をしたわけだが、その中で彼が事例として取り上げたのがオーバートーネオコミューンであった。

オーバートーネオがスウェーデン初のエココミューンになると宣言したとき、誰もが、北の過疎化の進むコミューンでそれが成功するはずはないと思っていた。しかし、オーバートーネオは、まるで「マルハナバチ」(★12)の話のように、環境を基点に地域発展に成功した。この現実をふまえてトルビョーンは、「北スウェーデンの、非常に保守的で頑固で、何事も自分流でしかしないオーバートーネオの人々を変えることができたのだから世界も変えることができると思い、エココミューンをスウェーデンの他地域に広めた」と語っている。そして今、前述のようにスウェーデンを変えることができたので、次は「世界を変える」ことに目標を定めている。

アメリカの自治体の環境への取り組み

サーラからはアメリカの事例紹介があった。彼女によると、海外のメデイアではブッシュ政権の環境への消極的な姿勢のみが報道されているが、国内の各地域では持続可能な発展に基づく活動がかなり活発化しているということだった。例えば、検索エンジンのグーグル（Google）で「持続可能な発展」を検索すると53,000件が検出できるという。

具体的な事例としては、木質バイオマスの生産工場、環境に配慮された建築の基準ができたこと、公園や学校の校庭の芝生に農薬を使うことをやめた自治体の話、そして植物を使って浄化する下水処理場の話があった。また、オーガニックの農産物は年間25％の割合で増えていっているということだった。そして、彼女が関わってきたアメリカの「A Swamp Yankee Planning」(★13)というボトムアップの都市計画をしているニューイングランドのネットワーク(★14)も事例として紹介された。

しかし、アメリカで行われている対策とスウェーデンのエココミューンの対策には大きな違いがあるという。スウェーデンの場合は、ナチュラル・ステップのフレームワークを使ってアクションプランを立てているためにシステム的なアプローチが確立されて継続的に改善が進んでいるが、アメリカのほうは持続可能な発展をするための明確なフレームワークがないためにシステム的なアプローチになっておらず、とてもよい対策を行っていても一時的であるというものだった。それだけに、明確なフレームワークが自治体の基盤として共有されていることがいかに重要であるかを力説していた。そして、そのフレームワークをもち、システム的に持続可能性に向けて対策を行っているスウェーデンのエココミューンは世界の国々の模範になるとも語っていた。そして、サーラが報告の最後に語った次の言葉に刺激を受けて、私も本書を邦訳出版したのかもしれないと思っている。

「スウェーデンのコミューンにおける持続可能な発展のための活動は、アメリカよりもはるかに進んでいる。それゆえ、あなた方が地域の持続可能な発展のために、具体的に何をしているのかを世界の人々に知らせることは非常に重要なことです」

そのほか、カナダの事例発表もあった。カナダのスキーリゾート地として知られるウィスラー市（Whisler）[★15]は、ナチュラル・ステップの考え方を自治体の全職員、市民、そして各学校に理解してもらうために、2002年、ナチュラル・ステップの考え方に基づく市の環境方針を冊子にしてそれぞれに送った。その後、マネジメントシステムも導入して、確実に、継続的に改善できるような活動を進めていることが評価されて国連環境計画（UNEP）から表彰もされてい

....

★12 膜翅目ミツバチ科マルハナバチ類に属する昆虫の総称。身体の大きさに比べて羽根が非常に小さいがゆえに、科学者から物理的に絶対飛べない構造をしているといわれているが、ハチはそんなことを知らずに飛んでいる。
★13 ニュージーランドから始まったもので、草の根運動的に多くの市民が参画して都市計画をする方法のこと。
★14 （New England）アメリカの北東部に位置するメイン州、ニューハンプシャー州、バーモント州、マサチューセッツ州、ロードアイランド州、コネチカット州の六つをいう。
★15 バンクーバーから120kmに位置している。軽井沢の姉妹都市。

る。最近では、キャンモア(★16)(Canmore)という自治体がナチュラル・ステップのフレームワークを使って環境対策の取り組みを始めているそうだ。

　現在、ESAMは、アメリカとカナダに向けてスウェーデンのエココミューンへの視察だけでなく学生のインターシップもアレンジしている。また、ナチュラル・ステップ・スウェーデンは、ブレーキンゲ(Blekinge Hogskola)国立工科大学と協力して、ナチュラル・ステップのフレームワークが学べる大学院コースを2年前からスタートさせている。このコースは国際的なクラスとなっているが、圧倒的に多いのがアメリカとカナダからの留学生である。

　これからは、北米、日本など広く国際的なエココミューンのネットワークができて、お互いに助け合ったり励まし合うことが必要である。持続可能な社会への転換は急がなければならない、ということを力説しておく。

日本の自治体の先進的な取り組みの事例

　主催者の依頼通り、レーナと私はこのシンポジウムで日本の事例を紹介した。ESAMと共同で日本人を対象としたサステイナブル・スウェーデン・ツアーのコーディネートをしたり、「林業」、「環境法典」などのテーマで視察ツアーを企画しているレーナ・リンダルからは日本の「環境自治体会議」(★17)の組織とその加盟都市である飯田市の紹介をし、私のほうからはナチュラル・ステップが関わった岐阜県白川村と兵庫県市島町、そして沖縄県那覇市の事例を紹介した。この三つの自治体では、これまでにナチュラル・ステップの環境教育を全職員にして様々な取り組みを行ってきた。那覇市については本書の最後に琉球大学の伊波美智子教授が「解説」(234ページ)を書いているので、ここでは白川村と市島町の紹介を簡単にしておこう。

　岐阜県白川村は、合掌造りの集落が世界遺産にも登録されていることで全国的に有名なところである。飛騨の美しい山々に囲まれた人口2,000人の合掌造りの集落は白川村の財産であり、観光の収入源でもある。2008年には名古屋から高速道路で簡単に来ることができるようになるため、今後、年間の観光客数は200万人にまで上るのではないかと期待されている。

　白川村は、行政と村民との話し合いの結果、市町村合併はしないことを決定

した。合併しないと国からの地方交付金がなくなるために村の財政状況は非常に厳しくなるが、村民にとっては市役所が80kmも離れていることに対する不安のほうが大きかった。村の大きな産業は観光である。自分たちが一生懸命守ってきた世界遺産が、遠くにある市役所の中で保全活動の現場を知らない職員によって果して守られるのかと考えた

和田家のライトアップ（写真提供：白川村）

とき、村の人々は自分たちの将来は自らが決めることを決意したのである。

　持続可能な発展という観点で村を見ると、すでに村の中では環境対策に意識的に取り組んでいる旅館や民宿、そしてレストランのオーナーがいることに気付いた。また、村役場が観光協会の会長に依頼して環境対策に興味をもっているグループを募ったところ、それが環境問題を考える勉強会の開催にまで発展していった。最近では、ゴミ削減のために多くの民宿でアメニティの常置をやめた。「日本一美しい村」のビジョンを実現して、独立村として持続可能な発展ができる村をこれからも創造していってもらいたい。

　もう一つの事例は兵庫県の市島町である。ここは、丹波高原に属している人口10,567人の町で、農業が重要産業となっている。市島町は、持続可能な農業の発展にチャレンジをしている模範例となる町である。化学肥料を使わない「有機の里いちじま」というコンセプトで、行政が積極的に有機農業を支援している。町の農産物栽培面積に占める有機農産物など（JASマークの付いたものだけではない）の割合は約30％である。県の平均が3％であることから考えて、

....

★16　1883年に設立された町で、鉱山の町として栄え、現在ではカナディアンロッキーの中にある避暑地として人気のある町。
★17　環境政策に熱心に取り組んでいる自治体のネットワークで、現在、63の自治体が加盟している。

「いちじま丹波太郎」の店内

この町のシェアの高さが分かっていただけるであろう。

　農薬の複合汚染が社会問題となった1975年に、市島町内の専業農家34人が「市島町有機農業研究会」を発足させて無農薬無化学肥料栽培を始めた。そして、阪神間に住む安全な食品を求める消費者と連携して販売ルートも確立した。いうまでもなく、これは日本で最も早い取り組みとなった。

　その後の経緯を簡単に述べておくと、1991年に町が有機センターを整備して運営し、1995年に「有機の里つくり」を町の推進方針と位置づけた。そして、1999年に2人のまちおこし専門員を設置して、2000年に町内の有機農産物などの生産組織の11団体で「市島町有機農業推進協議会」を発足させ、2001年に協議会のメンバーで有機農産物などを中心とした直売所「いちじま丹波太郎」をオープンした。

　この「いちじま丹波太郎」は、先ほど紹介したトルビョーンが2001年に市島町を視察したときに非常に関心を示した。そして彼は、帰国後、EUの持続可能な発展の模範事例とするためのプロジェクトで働いていたロバートフォーシュコミューンに同じコンセプトを導入した。つまり、初めてスウェーデンに輸出された日本の模範事例となったわけである。

　そのほかにも市島町は、町内の中学校の学習机を町内の山からの間伐材を利用してつくったり、町内で生産されたお米を学校給食に使うなどの地産地消の対策を進めている。また、三つの保育園で、19ページで紹介した野外自然教育である「森のムッレ教室」を導入したりしている。このように、エコロジーについての教育がかなり町に浸透したことで、環境対策を進めるうえにおいて議会や行政、市民の間でコンセンサスをとるのに役立っているといえる。

この市島町は、2005年に近隣5町と合併して「丹波市」となった。新しい市の中でも、この町の対策は模範事例となるであろう。

本書をより深く理解していただくために

本稿の初めに、スウェーデンの環境に関する歴史背景を説明した。スウェーデンのエココミューンの活動を日本と比較する場合、スウェーデンと日本の自治体の置かれている条件の共通点と違いを理解しておく必要がある。そこで、簡単にではあるが、その前提条件の共通点と違いについて記しておく。

共通点

まず言えることは、スウェーデンにおいて1990年代に盛り上がった「アジェンダ21」の活動は、日本の各地方で取り組まれている「町おこし」や「村おこし」の活動と非常に似ているということである。

本書に紹介されているスウェーデンのエココミューンは、ストックホルムを例外として多くが地方都市である。それどころか、過疎化に悩んでいる小さい集落を抱えているコミューンも多くある。その中でも興味深いのが、前述したようにスウェーデンのエココミューンの第1号で、北極園に位置し、過疎化で失業率がスウェーデンで最も高く、平均収入が最も低かったオーバートーネオコミューンである。そしてここが、アジェンダ21のモデルになった。

アジェンダ21は、持続可能な社会を築くために社会の構成員が参画することを要求している。そして、今まで社会の決定に参加していなかった女性や子ども、そして少数民族の声を反映する民主的な社会構築のプロセスを進めることが重要であると強調した。なぜ、オーバートーネオコミューンがアジェンダ21の模範例になったのかというと、まさしくそのボトムアップの民主的な変革プロセスが評価されたからである。

私は「スウェーデン・サステイナブル・ツアー」に参加し、実際にオーバートーネオコミューンやカンガス集落を見てその理由を理解することができた。それは、彼らにこそ「町おこし」をする必要性があったということである。首

都から遠く離れた土地で、中央の人には事情が分からないのに、経済的な理由のみで様々なパブリックサービスが削られていくという社会問題に直面していたのである。そして、中央政府に自分たちの将来を任せていると、自分たちの社会が意図していないところに行ってしまうと危惧していたのである。しかし、一人では何もできない。そこで、コミューンが呼びかけて集会をしながら住民の声を聴き、住民の参加のもとで様々なエコロジーに関係する事業を始めたのである。その動きは、日本の「町おこし」、「村おこし」そのものである。

ただ一つ日本の場合において残念なのは、それらの動きがこれまでは経済優先であって、環境対策や持続可能性の側面が含まれているケースが少なかったことである。しかし、最近では先ほど紹介した市島町のように、「アジェンダ21」とか「持続可能な社会」とかという言葉は使わなくても「ふるさとの再生」と「未来の発展」というキーワードの中に「環境」、「教育」、「経済」が入っている場合が見られるようになってきた。これからの、「町おこし」、「村おこし」の活動が楽しみである。

相違点

①**地方分権**——行政面において一番大きな違いは、地方分権の進み具合である。何といっても、スウェーデンは世界で最も地方分権が進んでいる国である。児童福祉、高齢者福祉、学校、余暇、エネルギー（熱供給）、廃棄物、上下水道など、市民にとって身近なことはすべてコミューンの管轄となっている。そして、地方分権が確立されているということはその予算をコミューンが決めているということでもある。また、各コミューンは独自に所得税率を決めることもできる。コミューンによって差は少しあるが、一般的には30％で、その3分の2がコミューンの歳入になっている。それ以外にもコミューンは、エネルギーや廃棄物処理費、水道料金などの料金も住民から取って事業費収入としているので、国からの助成金は日本のように多くない。それがゆえに、独自の施策を取ることが可能なのである。

スウェーデンのコミューンに社会的な影響力があることは、通常、コミューンの職員数がコミューンの全人口の10％になっていることで理解できると思う。

つまり、コミューンが地域における最大の雇用者である場合が多いのだ。

　日本では、ここ数年の間に市町村合併が促進されて3,000ほどあった自治体が1,800にまで減った。しかし、その理由は地方分権を進めるためではなかった。全人口に対する自治体の職員の数も、これまで以上に減ったと思われる。住民に関わる事柄の決定がこれまで以上に住民から離れ、財政的にも政府への依存度が高くなっている。これでは、自由に地域の特徴をより高めて大きな変革をすることは難しい。

②ボトムアップの民主的プロセス——スウェーデンは、30年ほどの時間をかけて地方分権を完成させていった。その理由は、前述のように、政治の決定はその影響を受ける人の近くでされるべきという信念をもっているからである。

　民主主義は完璧なシステムではないかもしれないが、「それ以上によいシステムは世界にない」とこの国の人々は言う。それは、自分が決定したことについては、仮にそれで失敗をしたとしても納得をして満足ができるからである。民主主義を成功させる方法としては、次の三つのことが重要だと考える。

❶学校教育においてしっかりとした批判力を養い、民主主義を理解した人間を形成すること。
❷民主的な選挙制度があること。
❸政策決定のプロセスを透明にして情報公開をし、情報が常に住民と共有されること。

　スウェーデンの総選挙の投票率は80％以上が当たり前である。地方選挙の場合だと98％というところもあった。これらの選挙以外に、アジェンダ21によって住民が行政の決定に盛んに参加するようになったことでNPOやNGOも発達した。また、それ以上にスウェーデンのマスメディア（地方新聞、新聞、テレビ、ラジオ）が強い。スウェーデンには、公のものは情報公開しなければならないという法律があるため、議会や委員会で決まったことは誰でも要求すれば見ることができる。当然、メディアは、その法律を盾にして簡単に情報を入手したり、毎朝、市長宛に来た手紙やメールを見ることも可能となっている。

このように、NGOが強くてメディアも市民側に立って行政を見張っていることで、市民の意見を地方政治に反映するシステムができあがっているといえる。残念ながら、日本ではNGOもメディアもまだまだ弱い。それに、市民社会そのものがまだスウェーデンほどは育っていない。今後、市民社会を育てていくことが重要な課題となろう。

③**農業と林業の自立**——農業国、林業国といわれた日本は、車や電気製品などを輸出するためにこれらの産業を犠牲にしてしまったと考えられる。スウェーデンも日本と同じように工業国で、自動車産業、鉄鋼業、家電メーカー、携帯電話のメーカーもあり、ご存じのように世界の工業国と競争をしている。しかし、農業と林業を犠牲にすることなくどちらも両立させてきた。農業のほうは、デンマークのように輸出産業とまでにはなっていないが、穀類や乳製品などベースとなるものはほぼ自給自足ができている。そして、林業においては、日本の電気電子製品と同じように花形輸出産業として現在もスウェーデン経済を支え続けている。ここに、都会の消費と田舎での農産物や林産物の循環が成り立つ理由がある。これが前提となって、今、バイオマスエネルギー（木質バイオマス、バイオガス）がスウェーデンの将来の持続可能なエネルギーシステムを構築するうえで注目され、期待されているわけだ。

一方、日本は、バイオマスの資源（森林と農地）が十分にありながら林業も農業も自立が難しく、すでに農産物の60％、木材は80％、紙パルプは90％を輸入に依存しており、循環システムがまったく壊れているという状

バイオガスで走る電車

況にある。まさに、「宝のもちぐされ」という環境である。今後、持続可能な社会を構築していくためには、農業と林業を再構築していくことが必須となる。そうすることで新たな雇用が生まれ、過疎化という社会的な問題の解決にもつながるのではないだろうか。

④国にビジョンと戦略があり、バックキャステイングをしている——近年、様々な環境に関わる事件が起き、日本人の環境意識もかなり高くなってきた。その切っ掛けとなったのが、ダイオキシンと環境ホルモンの問題、そして京都で行われた気候変動枠組み条約第3回締約国会議（京都会議、1997年）だったと思われる。また、BSE（牛海綿状脳症）に代表されるように食の安全への関心についても非常に高くなってきている。

　しかし、環境省のホームページを見ても、日本の最も著しい環境問題は何かという点がはっきりと見えてこない。様々な問題が網羅されているが、どういう状態を目指し、何を優先して取り組んでいくのかというビジョンと戦略が十分に議論されていないようだ。地球温暖化対策において重要な炭素税のような誘導政策においてすら、まだ社会のコンセンサスが得られていない状況にある。

　前述したように、スウェーデンの国会は1999年に持続可能な社会を目指すことを決議した。そして、「一世代で、今ある大きな環境問題を解決して次世代にわたす」と宣言した。16項目の長期的な環境目標を打ち出して、中期、短期目標も数値化して毎年チェックを行って報告している。また、2005年秋には、「2020年に、世界で最初に化石燃料に依存しない社会を築く」とも宣言した。そして、再生可能なエネルギー源を増やすための戦略とアクションプランを立て、自治体が持続可能な発展のスピードアップを図れるように、建設に関する環境基準を新たにつくったり、バイオマス燃料へ切り替えるためのインフラへの助成金を出したり、エネルギー税、炭素税などの誘導政策を打ち出している。

　スウェーデンは、持続可能な社会になったときの姿を描き、そこに到達するための施策と誘導政策を考え続けている。それを「バックキャステイング」というわけだが、当初は企業やコミューンが取り組んできた手法であったものが、ようやく国レベルでもかなり取り入れるようになってきた。コミューンと国の

足並みがそろったところで、この国の環境対策はより拍車がかかることになるだろう。

⑤ **プロか、ジェネラリストか**——30年ほど前から、スウェーデンの高齢者福祉の施設や対策を学ぶために日本から大勢の福祉関係者が視察に来るようになった。私は、かつてそのような視察団の通訳を引き受けたことが何度となくある。その折、ある日本の大学教授が日本とスウェーデンの自治体の違いについて次のように語っていた。

「スウェーデンの行政の福祉担当職員は福祉において専門家であるのに、日本の自治体の福祉担当職員はジェネラリストで福祉専門家ではない。そのため、日本の福祉対策が遅れている」

当時の私には何のことかさっぱり分からなかったが、今は日本の環境対策について同じことを感じている。これは、日本の行政における人事雇用システムが抱えている問題でもあろう。

世界の環境、そして社会問題は急激に変化を続けている。行政がそのような世界事情を把握して、ビジョンやアクションプランを立てて創造的に解決策を打ち出していかなければならない時期に必要なのはその道のプロの存在である。プロの選手とアマチュアの違いは、どれだけ練習をしているかなのだ。行政において、全員をジェネラリストにすることが本当に持続可能な社会を築くうえにおいて賢明な人事戦略なのかどうか、再検討をする時期に来ていると思う。汚職を防ぐために行っているのであろうが、3年おきにスタッフのポジションを変えることのみがその方法ではないと思う。

私たちは、地球温暖化問題のように、人類がかつて直面したことがないような難しい局面に立たされている。これからは、今までとまったく違った方法で新しいシステムを構築していかなければならない。そのようなことを、プロでなくして誰がいったいできるというのだろうか。スウェーデンの行政においては、その部署ごとにその分野の専門家（決して研究者ではない）を配置している。戦略を立てるためには全体像を把握する必要があるため、長い経験をもっ

た者がヘリコプターの視点（鳥瞰）から自治体を見て、マスタープランを立てていかなければならない。それだけに、適材適所の人材配置と、外部からプロの人材を入れることをこれからもっと考慮していく必要があろう。

　以上、スウェーデンと日本の自治体の違いを記した。このような違いが背景にあることをふまえて次章から展開されるスウェーデンのエココミューンの実態を読んでいただければ、より深く内容を理解していただけるものと思う。

第1章
スウェーデンのエココミューン──その背景

　60以上ものスウェーデンのコミューンが、ナチュラル・ステップのフレームワークを指標として、コミューンの境を越えた真の持続可能性を求めるための根本的な変化を起こした。

　これらのコミューンには、人口50万人を超える都市もあれば8,000人ほどのコミューンもある。交通、ゴミ処理、熱供給、電力、障害者などへの福祉サービスといった、発展に伴って増加する需要や要望にこたえようとするコミューンもあれば、都会でのより良い仕事や刺激のある生活を求めて若い人が故郷を離れ、人口が減少し続ける中で苦労しているコミューンもある。また、早い時期から工業化されたために、その労働力として異文化や他言語の移民たちを受け入れる方法を模索しているところもある。

　経済状況、規模、そして直面している問題が異なるコミューンに共通するものはいったい何であろうか。それは、それぞれまったく違うスタート地点から始めたにもかかわらず、すべてのコミューンが持続可能なコミューンを目指そうと模索していることだ。

　具体的にいうと、これらのコミューンは、ナチュラル・ステップのフレームワークを取り入れて持続可能性への変化を生み出すことを宣言し、コミューン全体で行動しているのである。また、各コミューンは、住民や職員を含めて参加型で民主的なプロセスをとると宣言して実行している。そして、これら二つを公けに宣言することでエココミューンの全国組織である「SeKom」に参加

する資格ができ、目覚ましい成果を上げることができるのだ。それらのコミューンでは、取り組みと同時にコミュニティ全体において変化が起き始め、現在では、化石燃料使用量の大幅な削減、ゴミのリサイクル率90％を達成し、健康的でエコロジカルな建造物の建設、絶滅の危機に面している生態系の復元、ガソリンを使う交通手段から代替交通手段への移行などを達成した。これらの変化はすべてこの15年の間に起き、参加数はスウェーデンの全コミューンの20％に及んでいる。

　1990年、スウェーデンのウーシャできわめて重要な会議が行われ、コミューンの職員、環境の専門家などの様々な人が集まってエコロジカルな未来の社会のあり方を議論した。そして、この会議からエココミューンの組織が生まれた。オーサでの会議は、カール＝ヘンリク・ロベール、ジョーン・ホルムベリー（John Holmberg）、カール＝エリク・エリクソン（Karl-Erik Eriksson）など、持続可能な社会を実現するにあたって必要となるナチュラル・ステップの「四つのシステム条件」を策定する主要人物が出会った場でもあった。また、この会議は、コミューンレベルで初めてナチュラル・ステップのフレームワークを取り上げた会議でもあった。

　それ以来、60以上のコミューンが相互に支え合って全国レベルで変化を促してきた。もちろん、持続可能な発展のために取り組んでいる自治体はスウェーデン以外の国にも多数ある。ただ、これら60ほどのコミューンが他国の自治体と異なるのは、持続可能な手法に境界を越えて体系的に取り組み始めたということだ。

> これらのコミューンが多国の自治体と異なるのは、持続可能な変化のために境界を越えた体系的な取り組みに着手したことだ。

　違いの一例を挙げると、エココミューンでは、持続可能でない環境・社会の動きについてであったり、新しくこのフレームワークを導入する地域でのこれまでの活動を変化させることがいかに重要かを、何千人もの職員を対象にして教育をしてきた。それ以外にも、エココミューンの中には、持続可能な社会に向かう計画や地域活性化にすべての住民を巻き込んだという例もある。これらのコミューン主導の活動によって、そ

れぞれ自分たちにふさわしい手法で化石燃料、金属、鉱物、化学薬品の消費量や自然破壊などを低減し、人間やコミューンの基本的なニーズを公平かつ効率的に満たす対策を見いだしてきた。

そして、エココミューンは、多方面に及ぶコミューンの総合計画に持続可能性を目標として取り込んで計画を進めた(原注1)。つまり、ほとんどのコミューンで行政組織の全部門が改革に参画し、従来の公共サービスの提供やコミューン計画の一部に継続的な教育システム、マネジメントシステムおよび監視プログラムを導入して持続可能な取り組みを推進することとした。

エココミューンの四つの世代

1980年にフィンランドのスオモーサルミーが北欧で初めてエココミューンになったのに続き、1983年、「世界を変えたマルハナバチ(bumblebee that changed the world)」と呼ばれたオーバートーネオがスカンジナビア初のエココミューンになった。この二つのコミューンは、経済的、社会的な問題を解決しようと苦心し、コミューンの未来を志向して統合的に経済、社会、環境の各ジャンルにおける活動に取り組んだ結果、エココミューンの第一世代となった。

そして、1990年から1992年の間に、これらのコミューンの考え方に共感した14のコミューンがエココミューンに加わって第2世代となった。16のコミューンは、1990年に行われたオーサ会議において持続可能性から見たコミューンの課題を明確にし、共通のビジョンに基づいて開発計画を立ててそれに取り組むことにした。まず、3年間の行動計画を作成し、デモストレーションプロジェクトを開発した。そして、行政や地域社会全体のエコロジカルな意識を高めるために職員や一般市民を対象とした教育を行った。1992年の地球サミットで発表されたこれらエココミューンの取り組みは、サミットで作成された持続可能な発展計画のガイドラインである「アジェンダ21」の基礎となった。

1993年から1998年にかけて、スウェーデンの55に上るコミューンがエココミューンのコンセプトを導入して第3世代が生まれた。その内のいくつかのコミ

ューンは、共同で政府に対して補助金を申請し、貿易、工業、住宅、建造物における持続可能な発展のプロジェクトに取り組んだ。この期間、すべてのエココミューンがナチュラル・ステップのフレームワークを持続可能な発展の指標として用いた。

1995年、エココミューンの代表者たちが集まり、先にも述べた、スウェーデンのエココミューンの全国組織となる「SeKom(セーコム)」を結成した。その後、SeKomのメンバーは60ものコミューンに拡がって第4世代が生まれた。スウェーデンのエココミューンはSeKomを通してエストニア共和国の自治体と姉妹都市関係を結んだこともあって、エストニアにおいても20の自治体がエココミューンのコンセプトを導入することとなった。

SeKomは、エココミューンになる過程やプロジェクトをサポートする全国的な技術補助センターも設置して、自治体がグリーン購入や地域の持続可能な発展の戦略を練るのを支援している。

エココミューンの取り組みは、隣国のノルウェーやデンマークの自治体でも始まっている。国によってエココミューンの定義が多少異なるが、どの自治体も持続可能な自治体をつくりだすために行政自身が開発の主体となって取り組みを推進している。

21世紀初頭には、自分たちの自治体の枠を超え、より広範囲の地域において持続可能な社会を目指すコミューンが生まれるだろう。そして、彼らはそのためにシステム・マネジメント・アプローチをとるだろう。これらのエココミューンが未来の第5世代となる。

これらのスウェーデンのエココミューンと、その持続可能な社会を目指す取り組みの成功例を10章にわたって紹介する。再生可能なエネルギー、環境配慮型住宅、ゴミ削減、リサイクル率の向上、有機農業、生物多様性の保全、持続可能なビジネスの支援など、各コミューンの取り組みは非常に多岐にわたったものとなっている。

(原注1) 北アメリカでは、土地利用、開発、交通、経済開発、公共施設など様々な要素を含む自治体の方針に関する書類を「総合計画」や「一般計画」と呼んでいる。スウェーデンでは、それを「一般計画」と呼ぶ（総合計画とプランニングについては11章を参照）。

第2章
再生可能なエネルギーへの転換

　　自然の中で地殻から掘り出した物質の濃度が増え続けない。
　　　　　　　　　　　　　　　　　　　　　　　　　(原注1)
　　　　　（ナチュラル・ステップのシステム条件1）

◆ なぜ、エネルギーを転換するのか

　現在の社会では、人間が石油や石炭、天然ガスなど地殻から掘り出した化石燃料を燃やしているがゆえに、二酸化炭素や硫黄酸化物、窒素酸化物のような温室効果ガスが本来あるべき濃度を大幅に超えて大気中に蓄積しつつある。その結果、気候変動や北極・南極の氷が溶け出して海面が上昇するといった現象が、いまや誰の目にも明らかな状態となった。また、世界中の様々な地域で化石燃料を燃やし続けてきた結果大気が汚染され、至る所で喘息や呼吸器障害が起きている。そして、2001年9月11日には、化石燃料に依存することがテロの脅威や国家や地域の安全と関係しているという事実も明らかになった。
　特に、世界の寒冷地では、熱と電力を化石燃料の燃焼によって賄っているところが多い。化石燃料への依存から脱するためには二段階のステップが必要となるだろう。まず、エネルギー需要そのものを減らすこと、そして次に、化石燃料以外の再生可能なエネルギー源、理想的には地元で得られるものを使って生み出されるエネルギーを探すことである。
　世界のあるところでは、すでに化石燃料に代わるエネルギー源を探し出して

使い始めている地域もある。スウェーデンにも、地元の代替エネルギー源に燃料転換をすることで化石燃料への依存を大幅に削減したコミューンがある。本章では、その具体例として、スウェーデンの大小のエココミューンがとった二つの手法、つまり風力・太陽エネルギーの利用と廃棄物を資源として利用したことに着目する。

スウェーデンのコミューンには、エリア内の一般家庭、企業、公共機関に電力と熱を供給するという責務がある。289あるスウェーデンのコミューンのうち、半数以上が地域暖房供給システムで熱を供給している。地域暖房供給システムは、通常、地下パイプで輸送される蒸気か温水を使って各家庭や商業ビルに熱を供給している。1981年には、スウェーデンの85％以上の地域暖房供給システムが石油か石炭をそのエネルギー源としていたが、1993年では石油を使用する地域暖房供給システムの割合は23％にまで低下した。(原注2)

> 持続可能な発展に向かうための二つの戦略。それは、風力・太陽エネルギーの利用と資源としての廃棄物の利用。

◇ 風力・太陽エネルギーの利用

ファルケンベリ
――風と太陽を都市の熱・電力供給に利用する

ファルケンベリコミューンは人口39,000人で、スウェーデン南西部ハランド県（レーン）の、風光明媚で風の強い沿岸に位置している。夏には、12マイル（約96km）も続く海岸をめがけて、4万人に上る長期滞在客と観光客が押し寄せるリゾート地でもある。また、同コミューンの港は1年間に約100万トンの物資の運搬を行っている。

ファルケンベリの特色は、コンパクトで歴史を感じさせる街の中心部とスウェーデン最大のビール醸造所とチーズ工場、そして1600年代からという長い歴史をもつサケ漁である。また同コミューンは、有名な服のファクトリー・アウ

トレット（工場直売店）の本拠地でもあり、1年間に15万人から20万人がそれだけを目当てにここを訪れている。このファクトリー・アウトレットとその顧客が、ほかの地域の企業にとってもビジネスチャンスを生み出す対象となっていることはいうまでもない。

　1995年以降、ファルケンベリは持続可能な発展のための行政計画を実施している。学校、保育園、企業などにおけるフォーラムやワークショップ、セミナー、メディアにおいて持続可能性に関する市民意識の高揚を訴えてきた。さらに、コミューンの全職員が「持続可能な発展」という目標を承認し、それを実行すると条例に定めた。そして、コミューンの全職員の60％に当たる2,000人を対象に、持続可能な発展に向けたナチュラル・ステップのフレームワークの研修を行った。

　コミューンの企画担当者は、持続可能な発展に関する目標を都市計画のガイドラインとして使っている。例えば、その計画指針では、交通量を削減して地域での生活を支えるために住む場所と働く場所が近くなるようにプランしたり、ショッピングセンターをなるべく郊外に造らせないように誘導している。また、土地の利用を決定する際には事前に環境アセスメントを行っており、食糧生産、産業振興、公衆衛生などに関わる土壌保全の分野で特に優れた成果を示している。それ以外にも、紙、清掃用品、オフィス用品などの消耗品についてはリサイクル原料で製造されたものや毒性が低いか無毒性の化学成分のものを使用し、もちろんリサイクル可能なものを選ぶというグリーン購入方針を採用している。

　ファルケンベリが掲げる目標の一つが、スウェーデン国内において「水」と「空気」が一番きれいなコミューンになることだ。この目標のために、最先端の風力発電所と太陽光パネル群という二つの再生可能エネルギープロジェクトを実施し、熱と電力のための化石燃料の消費量を減少させた。

> ファルケンベリが掲げる目標は、水と空気に関してスウェーデンで一番きれいなコミューンになることだ。

ファルケンベリの風力発電所

　ファルケンベリは、出力660Wの風車を10基備える発電所を整備した。こ

の施設全体で年間12.5GWh（1基平均で1.43MW）の電力を発電している。これはちょうど、コミューン内の全住宅の5％に当たる600軒の住宅が1年間に消費する電力量である。これら10基の風車は地元の農家から借り上げた農地に設置されており、農家はその対価として、風力発電の評価額の3％、金額にすると1基当たり年間に約2,000USドル（約23万円）相当を受け取っている。

現在、同コミューンは風力発電所を所有する非営利協同組合をつくっている。そして、住民と市内にある企業は年間500USドル（約58,000円）でその組合に加入することができ、加入すれば相場の半額で電気を購入することができる。もちろん、加入しなくても風力電気を購入することはできるが、市場価格で払わなくてはならない。

風力発電を整備したことによって、デンマークから購入していた石炭エネルギーによって発電された電力のうち12.5GWhを減らすことができた。また、風力発電の総コストは約65万USドル（約7,500万円）であるが、その内の15％分は政府からの助成金で賄うことができた。したがって、この高額な投資額でも減価償却するのにわずか9年しかかからない。メンテナンスさえしっかり行えば、この風力発電基地は25年から35年間は稼働できると予測されているし、寿命を終えたとしても風車に使用した部品の90％はリサイクルまたはリユース可能といわれている。

ファルケンベリの10基の風車によって発電された電力は、協同組合に市場価格の半額で供給される。

ファルケンベリの太陽光パネル

1989年、ファルケンベリは、当時においては世界最大の太陽光パネル群を設置して稼働を開始した。現在では世界第8位の規模となっているが、それでも1エーカー（約4,000㎡）を超える土地を覆い、年間1.8GWhを発電している。

太陽光パネルは水を加熱することもでき、温水はコミューンの地

風力・太陽エネルギーの利用　49

ファルケンベリのエネルギー部門は、業務に使用する車をすべて電気自動車に切り替えた。写真の車には、「この車はクリーンな風力発電の電力で走っています」と書かれてある。

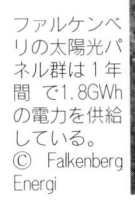

ファルケンベリの太陽光パネル群は1年間で1.8GWhの電力を供給している。
© Falkenberg Energi

域暖房供給システムへ供給されている。太陽光パネルの温水は、張りめぐらされたパイプで集められていったん中央暖房施設に送られる。その後、熱交換機を通して容量29万ガロン（約110万ℓ）の貯水槽へ貯留し、地域暖房用の温水を貯水槽の一番上から給水している。また、使用にあたって温水の温度が低すぎる場合は、薪ボイラーとガス燃焼補助ボイラーシステムで再加熱をしている。
（原注3）

　コミューンでは、住宅、企業、公共施設など合わせて、全体で年間に約350GWhの電力を消費しているが、その内、約30％を再生可能なエネルギー源によって賄っている。
（原注4）

カンゴス集落――ハイテクである必要はない

　カンゴスは、スウェーデン北部のパヤラ近郊の人口330人の集落である。ほかの集落と同様、仕事や生活様式の選択肢がより多い都会へと多くの人が流出し、その結果、学校と地元郵便局の閉鎖、つまり過疎化という問題に直面した。そして、集落に残った住民の多くも仕事や生計の途(みち)が閉ざされるようになっていた。

　住民は1990年代後半に、このままトレンドに流されてコントロール不可能な未来を受け入れるのではなく、自分たちが望む未来を自ら決定するプロジェクトに参画することに合意した。そして、この構想のスローガンとなった言葉は「誰が、私たちの未来を決めるのか」だった。

　住民たちは、環境に配慮しつつ集落の活性化に取り組んだ。そして、この決断とそれに伴うプロジェクトで、30から40件に及ぶエコ事業を立ち上げた。その一例として、小規模リゾートセンターの開発が挙げられる。これは、地域の豊富な天然資源と自然の美しさをセールス対象として、夏場を中心とした温暖な季節に釣り人やハンター、観光客を呼び込むことによって集落を活性化しようというものである。

　約60人の住民がリゾートセンターの開発と将来的な管理のためのNPOをつくり、村の9マイル（約14km）北に56エーカー（約23万㎡）の土地を25,000USドル（約300万円）で購入した。参加したボランティアはかなりの時間を割いてプロジェクトに貢献し、地元の資材と自らの労力でリゾートセンターを建設していった。さらに、県(レーン)の雇用創出協議会の資金を使って失業中の村民3人をフルタイムで雇って、建設補助として働いてもらった。

　その結果、会議や結婚式用の大きなメインビルディングと、敷地の端に造られたフィッシング場を特徴とするリゾートセンターが2001年に完成した。キャビン一つにベッドが二つ、炊事設備と薪ストーブが組み込まれた観光客用の四つのレンタルキャビンは、近くの集落で建てて敷地内に運び込んだものである。もちろん、川沿いにはサウナを整備した。メインビルディングにはハネムーンスイートもあり、地元の人によると、「学校の入学者数の増加に貢献している」

そうだ。リゾートセンターは、開業して最初の2週間で30人を超える宿泊客が訪れたということで、幸先のよいスタートを切った。

再生可能なエネルギーという選択

カンゴスリゾートセンターの環境面での目標は、熱および電力の100％自給だ。発電用太陽光パネルを設置し、暖房には薪ストーブを使用している。また、集落の人たちはスイミングプールを温める素朴な方法を考案した。つ

> 自分たちで未来がどうあるべきかを決めなければ、ほかの人たちが決めてしまう。そして、それは良くないということに集落の人たちは気づいた。

カンゴス集落の人たちは、集落の環境を生かした活性化計画の一部としてエコリゾートセンターを建設した。

メインビルディングの屋根に取り付けられたゴムホースにプールの水を通して太陽で温める。代替エネルギーの方法は、必ずしもいつも高価であったりハイテクであったりする必要はない、というわけだ。

まり、メインビルの屋根に取り付けたゴムホースにプールの水を通して、太陽で温めるというものだ。代替エネルギーの方法は、必ずしも高価であったりハイテクである必要はないということだ。

さらに詳しい、環境を生かした集落の活性化については第6章で述べることにする。

資源としての廃棄物──バイオマス

近代的な人間社会は、おおむね「取り出す」、「加工する」、「捨てる」、つまり大地から資源を取り出してそれらを加工し、その過程で資源を捨てていくという直線的なパターンで成長していっている。そして、最後に加工してできたものを「捨て去る」ことでさらにゴミが出ることになる。

それとは対照的に、自然界ではリサイクルが大原則となっている。自然の循環では、ある生物はほかの生物の食物あるいは資源となる。森林生態系では、植物や果実は動物や鳥の餌になり、動物や鳥自身も他の生物の食物となっている。すべての生物の糞や死体は土壌中に生息する微生物や線虫類の餌となり、それらが土壌を豊かにすることによって植物が栄養を得るというように連鎖していく。熱などのように、ほかの形態へ変化して失われるエネルギー以外は、すべてが無駄なく使われているわけだ。

> 自然界ではリサイクルが大原則である。

廃棄物を資源に転換しているエスキルストゥーナ、デーゲフォーシュ、オーバートーネオの各コミューンは、スウェーデンおよび世界中にある先進都市のごく一部の例でしかない。これらのコミューンでは、資源に変換する過程で化石燃料への依存を少なくすること、エネルギー消費と埋め立てに必要なコストの両方を削減すること、そして廃棄物が少なくなることでより良い環境と住民の健康づくりを目標として「win-win-win 戦略」が掲げられた。

エスキルストゥーナコミューンについて

　エスキルストゥーナは急速に発展を遂げたストックホルム圏に属し、ストックホルム市街やストックホルム空港から列車で約60分の距離に位置している。そして、サービス・商業分野ではまだまだ発展途上とされる300万人の商圏は、「メーラーダーレン（Mälardalen）地域」と呼ばれている。

　エスキルストゥーナはかつて人口約13万人の工業都市だったが、工場がなくなり、仕事もなくなっていく中で約9万人まで人口が減った。しかし、この本を書いた2001年には、同コミューンを取り囲む広範囲にわたる動向の変化によって急速に再成長した。いまではエスキルストゥーナは、人口の20%を複数の言語を話す難民が占めている。[★1]

　エスキルストゥーナが、基本計画に伴う持続可能な発展のためのアクションプランを開始したのは1997年だった。発電施設をもたない同コミューンは長年にわたって外部から電力を購入してきたが、持続可能な発展プログラムの開始から4年で熱が自給ができるようになり、総電力需要の約25%が地区内で発電できるようになった。[原注5]

エスキルストゥーナのコージェネレーションバイオマスプラント

　エスキルストゥーナコミューンは、製材業界で得られる「切りくず」、「おがくず」、「樹皮のパルプ」、「枝」、「チップ」などのバイオマス燃料のみで稼動する最先端のコージェネレーション施設（CHP : Combined heat

エスキルストゥーナの発電プラントは材木の副生成物だけを燃やすことで稼動し、コミューン内の全企業と家庭28,000世帯に熱と電力を供給している。

★1　スウェーデンでは、世界から難民を毎年受け入れている。難民の多くは生産工場で働いているため、工業都市であるエスキルストゥーナの人口は20%が難民となっている。

> ### エスキルストゥーナの CHP バイオマスプラントの仕組み
>
> 　高圧で水を過熱し、材木から出た切りくずなどで熱したボイラーで蒸気に変える。蒸気の一部でタービンを回して交流発電機で発電し、残りの蒸気を排ガスからの熱で再加熱した後、再び圧縮して温水として地域暖房供給システムに送って住宅や企業に熱供給している。発電機では送電用高電圧で発電するので昇圧器は不要となり、エネルギーのロスを一層減らすことができる。発電プラントは冬の厳寒期でも最大39MW発電でき、エスキルストゥーナで必要とされる電力は1日約150MWなので、この発電プラントで発電する電力はおよそ25％のシェアをもつことになる。
>
> 　電気集塵装置で排ガスからエネルギーを取り出し、その後、高効率の液体排ガス洗浄装置にガスを通し、二酸化硫黄と窒素酸化物の排出をごく低いレベルに抑えている。この発電プラントは20MWの出力で、1年に700GWhのエネルギーを発生することができる。熱は、温水として60マイル（約96km）に及ぶ配管ネットワークで各家庭やビルに送り込まれ、使用後の水はプラントに戻して再加熱をしている。^(原注7)

and powerplant）を建設し、電力自給率と化石燃料依存度の低減を飛躍的に進めた。

　いまや、CHPバイオマスプラントは冬季の暖房熱と夏季の冷房に必要なエネルギーの95％を生産し、市の電力需要の25％を賄っている。このCHPバイオマスプラントで、集合住宅25,000世帯と一戸建て住宅3,000世帯分、そしてすべての商業ビルを支えている。さらに、この施設は90％という高エネルギー効率、つまり燃料がもっているエネルギーの90％を使用して稼動している。石油や石炭、天然ガスを燃焼する場合の効率が約35％以下であるのと比べると、言うまでもなく大きな差である。^(原注6)

　CHPバイオマスプラントは、およそ180GWhの電力と330GWh相当の熱エネルギー（熱・冷熱）を生産している。また、化石燃料から転換して以来、バイオマス燃料で稼動する地域暖房サービスに対する利用者のコストはずっと変わらないままとなっている。ちなみに、エスキルストゥーナは、スウェーデンで10番目に安い価格で地域暖房を提供している。そして、1997年に施設が稼動

を開始して以来、暖房用に使う化石燃料の消費量を38％削減し、施設建設のコストとなった約4,500万USドル（約52億円）の内、25％を国からの資金援助において調達した。

コミューンの職員によると、1980年時点におけるスウェーデンでは、ほとんどの発電施設で使用されていた燃料は80％が化石燃料で、残りの20％がそのほかのエネルギー源となっていた。今日、この比率は逆転している。今では、現在150ヵ所あるスウェーデンのコミューン運営の地域暖房プラントの内、30％のプラントがバイオマス燃料を使用している。

デーゲフォーシュコミューンについて

デーゲフォーシュは、ストックホルムから列車で約2時間ほど行った、スウェーデンでも製鉄業が盛んなベーイスラーゲン（Bergslagen）地方にあり、面積は約40平方マイル（約100km²）、人口10,500人のコミューンだ。「ベーイスラーゲン」とは「鉄をつくるために山々を切り崩してきた場所」という意味で、一帯には採掘坑、製鋼所、鋳鉄所が点在している。エスキルストゥーナと同様、長い年月の間に人口、産業、仕事がなくなり、街の中を流れる川沿いには閉鎖されたビルや工場がたくさん残っている。若い人たちは集落に年配者を残して都会へ出てゆき、年々減っていく残された住民に高齢者福祉を含む行政サービスの負担が重くのしかかっていた。

1990年代にデーゲフォーシュは、経済的発展、持続可能性についての教育、環境にやさしい建設プログラムなどを含む持続可能な発展構想をスタートさせた。コミューンの職員1,000人の内85％以上の人がナチュラル・ステップのフレームワークを取り入れた持続可能性についての教育セミナーに参加し、その後、同様のものを住民に対しても実施した。2001年までに、全住民の内35〜40％の人（4,000人以上に相当）がナチュラル・ステップのフレームワークについて学んだことになる。

住民向けの講座では、化石燃料からバイオマス燃料に切り替えることで家庭の暖房費が抑えられるといった例を挙げて、環境の面だけでなく家庭経済の面や社会的なメリットもあることを明示した。同コミューンは、ナチュラル・ス

テップのフレームワークを指針として、10年ごとに基本計画を改訂している。

デーゲフォーシュコミューンがバイオマスに転換

1997年、コミューンは、地域暖房供給システムを化石燃料からバイオマスに全面的に転換した。その結果、翌年にはコミューンの温室効果ガスの排出量が30％減少し、転換後には世帯当たりの暖房費が大きく減って全住民にのしかかっていた経済的負担を軽減することができた。

◈ 脱化石燃料への旅──オーバートーネオコミューン

オーバートーネオが化石燃料をまったく使わない街を目指すと決めたのは、1980年代の初頭だった。同コミューンは、多くのスウェーデンの地方コミューンと同じく地域暖房供給システムを運営し、家庭や学校・老人ホームを含む公共施設などを中心として2,500ヵ所の施設に熱供給をしている。ここでは五つの地域暖房供給プラントが運営されており、コミューン内の大きい五つの集落に各1基ずつプラントを設置している。

> オーバントーネオは、2001年、自治体業務において100％脱化石燃料を果たすというビジョンを達成した。

しかし、かつてこのプラントはすべて化石燃料を使って稼動していた。それだけでなく、職員のための公共バスや自家用車、そしてバンやトラックの運行においても石油を起源とする燃料を使っていた。それだけに、同コミューンが化石燃料からほかの燃料へと切り替えるにあたっては、様々な課題が山積となったのはいうまでもない。

オーバートーネオコミューンの転換

コミューンは、数年間かけて、五つの地域暖房供給プラントの燃焼設備を木質ペレットや木質チップなどの木質バイオマスを使う炉に一つずつ転換してい

った。木質バイオマスは近隣の林業や製材業から出る副産物だったので、入手が簡単であった。2000年秋、高齢者施設、コミューンのヘルスケアセンターとスイミングプールが熱源を木質バイオマスで賄うようになった。2001年の春までに二つの学校が、同年の

集落に設置した五つのプラントのうちの一つ。オーバートーネオは、これらのプラントで化石燃料からバイオ燃料へ燃料転換を果たした。

秋までには三つ以上の学校と別の高齢者施設が木質バイオマスへの転換を果たした。

　2001年秋の終わりには、コミューンのすべての建物と学校、高齢者施設と保育園、そしてコミューンにある地域暖房供給プラントが化石燃料の使用を止めた。2001年末にはバスやコミューン車両の燃料をエタノールなどのバイオ燃料に転換し、同コミューンは15年前に策定された「コミューン業務に関して100%

バイオマスプラントの仕組み

　燃料の木質ペレットは、バーナーに供給するそのほかの材料とともにサイロに貯蔵する。サイロを木質ペレットでいっぱいにするのには10分から20分の時間がかかる。サイロが燃料で満杯となった場合、夏季なら3〜4ヵ月間分の家庭の温水と熱を賄うことができ、冬季なら約1週間分の熱源を賄うことができる。バケツ100杯分のペレットを燃やすとバケツ1杯分の灰が出るが、灰の原料は100%木材なので堆肥にすることができ、廃棄物はゼロである。コミューンのエネルギー担当者によれば、産業用の石油が通常65%の効率で燃焼するのに比べて、木質ペレットは85%という高い効率で燃焼するという。(原注8)

の脱化石燃料を果たす」というビジョンを達成したわけである。

　これは、コミューンにとっては環境保全だけでなく財政面でもサクセスストーリーといえるものであった。燃料転換により、コミューンの石油消費量は年間に132,000ガロン（約50万ℓ）も減少した。ちなみに、全施設がバイオ燃料への転換を果たした直後に石油価格が1バレル＝89USドル（159ℓ＝約1万円）と、それまでのほぼ倍に跳ね上がっている。化石燃料の使用を止めるためにコミューンが負担した費用は合計で約375,000USドル（約4,350万円）だったが、これは2、3年という短期間で回収できてしまった。

◆ 資源としてのゴミ──ウメオコミューンではゴミは電力に変わる

　ウメオはスウェーデン北部にある人口10万人の都市で、現在、2万人の学生を抱える大学都市である。ウメオは古ぼけた街から教育・文化の中心地へと変化を遂げたわけだが、この変化に大きく貢献したのが学生たちであった。国内で最も早く成長している都市の一つで、市民の平均年齢は35歳である。人口の半数は国内の他地域の出身者で占められており、残りの10％は他国からの出身者となっている。このため、ウメオには常に新しいアイデアが流れ込んできている。

　昔も今も、ウメオは異文化が出合う場所である。ウメオは国内で最も住みやすい街と言われており、住民の満足度も最高値を示している。住民はこの街を「北の首都」と呼んでいるが、その名にふさわしい、大都市の利点と小さな街の雰囲気をあわせもつ素晴らしい街である。あるコミューンの職員が言ったが、都市計画をする場合にはこうした街の特性を守ることが重要となる。

　ウメオは、もともと貿易の中心地として発達した。サーミ（ラップ人として知られる人々）は、冬から夏にかけてトナカイを放牧しながらこの地域に足を運び、スウェーデン人、フィンランド人、そしてロシア人との間で活発な海上貿易を行った。1622年、ウメオがコミューンとして正式に設立されたときには約200人の住人がいた。1800年代後半には産業の中心地となったが、それによ

資源としてのゴミ　59

って森林破壊が引き起こされてスウェーデン国内で悪評を買うことになった。この時、コミューンにおける環境破壊を説明するために「Baggboleri(バッグボレリ)」（原注9）という言葉が有名になった。

　1960年代、スウェーデン北部において唯一の大学となるウメオ大学が設立された。当時、ウメオは地域の文化・教育の中心地へと発展を遂げていたが、大学が設立されたことによって変化が加速された。ウメオは、現在、ジャズ、室内楽、映画、オペラ（ストックホルムより北で唯一のオペラハウス）など、フェスティバルや文化的なイベントを数多く開催している。ウメオに対する「Baggboleri(バッグボレリ)」の悪評は消え去り、代わりに住民とコミューンの高い環境意識が評判を博するようになった。

　1990年代初頭、ウメオは環境意識をコミューン全体に行きわたらせるための取り組みを始めた。コミューンの常任委員会は持続可能な発展のための目標を採択し、その目標達成のために6部署の代表で構成されるコーディネートグループを組織した。そして、その後2年以上にわたって、50の部署の責任者が健康的な環境と持続可能な発展の実践の重要性を学ぶ研修を受講した。コミューンは、このメッセージを各部署に伝えるために研修日を1日確保するよう指示した。コミューンのエネルギー担当部署であり、地域暖房供給プラントを所有・運営している「ウメオエネルギー社」の全従業員も、もちろん、こうした環境研修に参加している。

ウメオのエネルギー危機

　1990年代、ウメオの街は再び急激に発展したために厳しい電力不足に直面した。その結果、1960年代に建設されたコミューンの石油を燃料としたコージェネプラントでは増大する電力需要にこたえることが困難となった。ウメオの職員は、古いプラントを改造して増大する需要にこたえるよりも、化石燃料への依存から脱却して汚染物質の排出を大幅に減少させるというまったく新しい施設を建設することにした。

　当時、可燃廃棄物と有機廃棄物の埋め立てを禁止するために、より厳しい規制が国によって施行されつつあった。こうした諸問題の解決策として、プラン

トのエネルギー源としてコミューンで排出された固形廃棄物を使おうということになった。

> ウメオのドーヴァコージェネプラントは、99.5％という驚くべき高効率で運用されている。燃料は、すべてコミューンで排出される固形廃棄物。

ドーヴァコージェネプラント

　ドーヴァ（Dåva）コージェネプラントは、コミューンにとってwin-winのエネルギー危機回避策であった。このプラントは、稼動後、世界で最もエネルギー効率がよく、また環境的に受容可能な廃棄物コージエネプラントとして評判を博した。1997年に建設許可が下りて翌年の2月に建設が開始され、2000年8月に稼動し始めた。プラント建設費用は約8,000万USドル（約13億円）で、これまでにウメオが実施したプロジェクトの中で最大のものとなった。

　現在、発生する65MWのエネルギーの内55MWがコミューンの人口の90％に当たる25,000世帯に熱として供給され、残りの10MWが発電に使われている。また、このプラントは99.5％という驚くべき高い効率で運用されている（前述したように、通常の発電プラントは35〜45％程度の効率で運用されている）。[原注10]

　ドーヴァコージェネプラントの燃料は、すべてコミューンで排出される固形廃棄物である。コミューンの固形廃棄物は集められて圧縮され、プラントの近くで密閉したブロックの中に貯蔵される。家庭ゴミ、産業廃棄物、建築廃材、有機物、食物、プラスチック、ゴム……金属や有害物質を除くゴミのすべてがプラントの燃料になっている。

　ウメオエネルギー社の職員によれば、新製品に再生することができない固形廃棄物は、木質ペレットや木質チップなどのバイオマス燃料より燃料としての価値が高いということである。また、これらの物質からエネルギーを生産することはリサイクルの一形態と考えられる。というのも、固形廃棄物はリサイクルされなければ埋立地に捨てられてさらなる環境劣化を引き起こすことになり、環境修復の費用をコミューンが負担することになるからだ。固形廃棄物は当然すべてが地域内で排出されるので、これを燃料として使うことで遠方から燃料

を輸入するコストも削減することができる。運送業者が固形廃棄物を発電プラントに運ぶ費用は1トン当たり約28USドル（約3,000円）で、埋立地に運ぶ費用を比べるとずっと安い。また、ドーヴァコージェネプラントは、木質チップ、ペレットだけでなく、ほかの林業廃棄物などのバイオマスも燃料として利用できるように設計されている。

ドーヴァコージェネプラントの仕組み

　スチームボイラーは固形廃棄物を燃焼し、電力と熱を生産する。そして、乾式・湿式の二つの浄化装置が排出物を取り除く。乾式浄化装置は、重金属や水銀などの粒子状の物質や二酸化炭素を集めるのに力を発揮し、それらを完全に除去する。湿式装置には、流出物をバルサムで洗浄する三つのガス洗浄装置が含まれており、これらの洗浄装置は塩酸などの物質を除去し、硫黄を石膏（壁面をつくるのに使う製品）に変える。これら二つの装置を組み合わせれば、双方の技術の良い部分をとることができる。

　排水蒸気は二重処理システム複水機で抽出され、抽出された水は湿式ガス洗浄装置の洗浄水としてリユースする。洗浄水に含まれる酸性物質の90％を石灰で除去してアンモニア（NH_3）として抽出し、炉に再び投入する。カドミウムなどの重金属は砂フィルターで沈殿させ、硫黄と結合させてカドミウム硫化物などの害の少ない物質へと変化させる。再利用しない余剰水は希釈（きしゃく）され、ウメオ川へと送られる。

　送気管のガスは、摂氏600℃まで水で冷却してコンプレッサー・ヒートポンプで8MWの電力を発電して再利用するため、電力コストが削減できる。送気管のガスは、煙突を出る前に摂氏50℃から60℃まで冷却される。廃棄物焼却によって生じた固い燃え殻（残さ）と多孔質の燃え殻（スラグ）は、品質保証のされた道路の骨材として使える。スラグを骨材として使うことで、スウェーデンでは枯渇しつつあるために保護の対象とされてきた天然の砂利を使わずに済んでいる。最新の浄化システムは、硫黄や窒素酸化物、二酸化炭素などの温室効果ガスの排出を全体として大幅に減らした。温室効果ガスの排出量は、従来の石油プラントと比較してもかなり低く、またスウェーデンの環境法廷（★2）で決められた基準値よりも低かった。(原注11)

★2　Miljödomstolen。地方裁判所の中にあり、水、環境に有害な事業（例えば焼却など）はここの許可が必要である。

ウメオのドーヴァコージェネプラントは、コミューンの固形廃棄物だけを燃料に、コミューン内の企業と住民に熱源と電力を供給している。

ドーヴァが稼動した年、ウメオで熱供給に使われた化石燃料はそれまでの80％から95％まで減少した。またウメオでは、いったん発電された電力が再び熱として使われることはなくなった。この最新の発電と環境浄化システムを視察するために、世界中から年間3,000～4,000人がドーヴァコージェネプラントにやって来る。それ以外にも、EUや多くの企業と国際組織が、固形廃棄物が秘めるエネルギーを無駄にせず活用するモデルとしてドーヴァコージェネプラントを研究している。

　ドーヴァコージェネプラントを建設したウメオコミューンの決断は、多くの人々に様々な利益をもたらす解決策となった。このことは、取り組みの方向性が正しいことを象徴的に示している。この決断によって、コミューンは人口増大に伴って増えるエネルギー需要にこたえつつ、化石燃料の消費量や温室効果ガスの排出量、コミューンの燃料コストを徹底的に削減することができた。そして同時に、ゴミの運搬・埋め立てや、埋め立て地の土地劣化による高い環境的・財政的費用を大幅に削減することもできた。

スウェーデンのエネルギー状況——スナップショット

　スウェーデンにおいて消費される地域暖房供給プラントの燃料に石油が占める割合は、1981年から1993年に至って83%から12%へと減少した[原注12]。1980年代の国民投票以来、スウェーデンはエネルギー源の原子力依存から段階的に脱しつつある。中央政府は、クリーンな大気、オゾン層の保護、気候変動への影響の抑制、放射線からの安全などを環境目標に掲げた[原注13]。地域で生産される再生可能なエネルギーへの移行は、こうした国の目標を達成するための重要な戦略と見なされている。

（原注1）　Karl-Henrik Robert, The Natural Step Story: Seeding a Quiet Revelution, New Society Publishers, 2002, p.65.
（原注2）　スウェーデンの地域エネルギー　<www.energy.rochester.edu/se/>を参照。
（原注3）　ファルケンベリの風力発電所と太陽光集光所についての情報。
　a）Falkenberg Energiとの談話（2001年8月9日）より。
　b）地域暖房のための太陽エネルギー：スウェーデンで稼動中。
　www 2.stem.se/opet/solarheating/district/sweden.htm
（原注4）　Jan-Olof Andersson氏（ファルケンベリの「アジェンダ21」のコーディネーター）、2003年2月3日より。
（原注5）　エスキルストゥーナに関する情報は、Hans　Ekström氏（委員長）、Lena Sjöberg氏（広報部長）、Tommy Hamberg氏との談話にて。
（原注6）　"Electricity Generation from Thermal Power Plants and Fuel Demand for Generation", Economy & Energy, No.23, December 2000-January 2001, <http://ecen.com/matriz/eee 23/ger_elt_e.htm>
（原注7）　エスキルストゥーナのCHPプラントと暖房システムについては、2001年8月6日に行われたAnders Björklund氏（エスキルストゥーナ市地域暖房マネージャー）とLars Anderson氏（エスキルストゥーナ市担当責任者）によるプレゼンテーションによる。
（原注8）　オーバートーネオの化石燃料削減イニチアチブと地域暖房供給システムの運営に関する情報は、テクニカル・マネージャーRune　Blomster氏の発表

による（2001年8月17日、オーバートーネオ市庁舎）。
(原注9) Baggbole は森林を伐採された村の名前。巨大な木材会社が小規模所有者の森林を市場価値よりかなり低い価格で購入し、残酷にも大規模に皆伐した。
(原注10) Umeå Energi, Dava Combined Power and Heating Station Report, Umeå, n. d. <www. Umeå energi.se>
(原注11) Umeå Energi. <www. Umeå energi.se>
(原注12) "District Energy in Sweden." <www.energy.rochester.edu/se>.
(原注13) アジェンダ21のコーディネーター、Rolf Lindell 氏の話による（2001年8月12日、「2001年持続可能なスウェーデンツアー」ソンガ・セービにて）。

第3章
化石燃料車からの脱却——輸送と交通

　もし、中国のすべての人々が我々アメリカ人と同じように車を運転したら、世界のガソリン生産量は中国だけで全部消費してしまうことになる。
レイ・アンダーソン^(原注1)

✦ はじめに

　大都市、小さな町、郊外、どこに住んでいようと人間には、気軽にあちこちへ移動したい、お金をあまりかけずに物事を処理したいという基本的なニーズがある。実現できる人はそれを当然と思い、それができない人はその必要性をより切実に感じることになる。

　アメリカ社会では、車と化石燃料は社会にとって重要なものであると思われている。しかし、その一方で、化石燃料で走る車、トラック、そのほかの自動車が、多くの国々、ひいては地球全体において地球温暖化や気候変動、そして大気汚染を引き起こす大きな要因であることが最近明らかになってきた。交通部門から排出されるアメリカの二酸化炭素の排出量は急速に増加し、世界全体で排出される温室効果ガスの21％に相当している。^(原注2)

　生活、住居の選択、交通政策、土地利用、企業の事業拠点の選択や事業活動そのもの、そしてだんだん明白になりつつあるが外交政策や国家の安全などの面において自動車の果たす役割が影響しており、特にアメリカのドーナツ化現

象においては地域社会における自動車の役割が問題となっている。

　持続可能性を実現するための四つの目標（四つのシステム条件を指す）の一つは、化石燃料に依存する度合の削減である。まず、この目標の意味を理解し、次に化石燃料を燃やすことを前提としている複雑に絡み合った世の中のネットワークを変えてゆかなければならない。そのネットワークの一つに、土地利用と土地開発という問題がある。現行では、地域内外に通勤したり、食料を調達したり、人に会いに行ったりするなど、移動するためには自動車以外に選択肢がない。歩く、自転車に乗る、または安価で手軽な公共交通機関の利用などといった自動車に代わる移動手段がなければ人は自動車に乗るしかないし、化石燃料以外に自動車を走らせる燃料が手に入らなければ化石燃料を使うしかない。そして、化石燃料で走る車しか購入できないとすれば、結局それを運転するしかほかに手段がない。

　幸いにも、１人につき１マイル（約1.6km）当たりの化石燃料の消費量が世界最大のアメリカにおいても、化石燃料に依存している交通システムの重要さに気づいて消費の削減に向かって努力をし始めた。^{（原注3）}このような動きの中においてスウェーデンのエココミューンは、運輸・交通のシステムを根本的に変えていこうとしている。本章では、化石燃料で走る自動車をマイカーとして使わずに移動しようとする、二つの体系的かつ革新的な事例を紹介する。

❖ エスキルストゥーナ──自然の法則に則った交通システム計画

　エスキルストゥーナは、自然界ではすべてが循環するという法則に基づき、交通システムを総合的なものへ変革しようとしている（エスキルストゥーナについては第２章でも紹介している）。コミューンは、交通、土地利用、公共交通機関、排出規制、自転車交通、騒音防止、企業の事業開発、燃料供給、そしてコミューンの公用車などについて全面的に見直しを始めた。コミューンが交通プログラムの指針としている循環原則は以下の通りである。

❶有限な資源の採取は最小限でなければならない。
❷自然分解しにくい物質の放出は止めねばならない。
❸自然の循環が行われる状態は維持しなければならない。
❹再生可能な資源であっても再生能力以上に採取してはならない。

　コミューンは、ナチュラル・ステップのシステム条件に似たこの四つの循環原則を政策指針として、交通、土地利用など上述した項目をこの４原則に基づいて改革を進めている。つまり、土地利用、企業の事業開発方針、公共交通機関、コミューンの交通施策のすべてが、お互いに化石燃料消費を減少する方向に働きかけるシステムとなるように確認しながら政策を進めているわけである。

改革前のエスキルストゥーナの交通概況

　プログラムを進めるにあたって、まずかつてのエスキルストゥーナの交通システムと環境状況について詳細な調査を行った。特に、コミューンの方針と実際の活動が上記の循環原則を侵さないかという観点から調査を行った結果、以下のことが判明した。

　自動車における年間１人当たりの市内の移動距離は3,800マイル（約6,000km）で、その内、コミューンの中心部に出入りする距離は3,000マイル（約4,800km）であった。中心部への出入りは、自動車、列車、自転車、バス、徒歩を含めて毎日10万人に及んでいる。また、コミューン外への通勤者と市内への通勤者はほぼ同数で、それぞれ全体の約10％に上っている。良い点として挙げられるのは、内外へ移動するための列車利用が1993年から1998年の間に６％から25％以上に増加したことである。

　交通に起因する同コミューンの二酸化炭素の排出量はスウェーデンにおいては平均的だが、同じく排出量を削減しようとしている他のコミューンに比べると約50％も多い。さらにある研究によると、エスキルストゥーナでは平均的なひと冬で、自動車が道路のアスファルトを削り取る磨耗量は15トン、自家用車のタイヤの摩耗量は100トンという驚くべき推定結果も出ている。また、同コ

ミューンでは、ひと冬の間に550トンもの道路凍結防止用の塩を撒いていることも分かった。

6分野の目標設定

交通システムと環境側面での現状把握に続いて、エスキルストゥーナは交通政策の重点分野を六つ決定した。まず一つ目は、土地利用とそれによって生じる交通量の関係を明らかにすることである。そして二つ目は、コミューン全域で自転車をもっと利用しやすくして公共交通機関を改善することである。これら以外には、自動車の環境への適応、交通マネジメントの改善、業務用車両の交通の改善、そして移動手段の管理、つまり自家用車で移動したいというニーズ自体を減らすということが挙がっている。

その後、同コミューンは、明確な目標を設定して具体的な活動計画、タイムテーブル、六つの目標分野ごとの進捗状況を測る指標を導入した。一例を挙げると、自動車の相乗りシステム、自転車通勤を進めるキャンペーン、より環境にやさしい運送方式に関する企業向けのコンサルティングなどである。これら以外の活動計画の中には、子どもたちの通学路の安全性を高めることによって親が学校まで車で送迎する必要を減らすというものもある。

これまで他のコミューンでは、従来の道路改修を目的とした公共工事そのものを見直し、バイパス工事、道路直線化、拡幅工事などの「交通改善」をすることによって、人々は公共交通機関や自転車に代えて自動車を使うようになった。よって、エスキルストゥーナでは、道路環境を改善する代わりに公共交通機関や他の移動手段をより身近で魅力的に感じるために投資をする道を選んだ。

調査によると、移動距離を少なくするためには店や市場を居住地の近くに留めておくことが重要だということが明らかとなった。そして、少し歩けば食料や日用雑貨が手に入る環境に住めば、自動車による移動を半分から12分の1にまで減らせることが分かった。また、3マイル（約4.8km）以下の短距離走行は、コミューン内での全走行距離に占める割合は微々たるものでしかないが、相対的に見ると長距離走行よりも排出ガスの量が多くなるということも分かっ

た。というのも、排出ガスの量を少なくする触媒式の変換器はエンジンが冷えた状態ではあまり効果的に稼働しないからだ。

　この結果は、短距離移動を自動車から自転車へ切り替えることで排ガス量の削減と大気環境の改善につながることを示唆している。そこで同コミューンは、現在60マイル（約96km）ある自転車道をさらに拡張して自転車走行をより安全なものにし、中心部においては自動車よりも自転車を優先するなどして、組織的に自転車利用を推奨している。

　公共交通機関の改善の一つとしてエスキルストゥーナは、バスの巡回頻度と各巡回路の停留所の数を増やすためのルートも再検討している。これらの公共交通機関の改善と平行して自動車に制限を加え、人々が自家用車に代わる移動法を選択するように誘導している。また、同コミューンは隣接するコミューンにも協力を呼びかけ、地域内に列車の駅を増設して交通機関の利用者数を増やすようにマーケティングするなど、地域の交通環境を改善しようとしている。

　同時にエスキルストゥーナは、化石燃料を使用しているコミューン経営のバス、トラック、自動車を、エタノールや混合燃料など環境に配慮した燃料で走る車に入れ替える予定となっている。それだけでなく、同コミューンでは公用車用の燃料としてバイオガス（有機性廃棄物からつくられたガス）生産の検討を始めたし、自動車教習所においては燃料消費を抑えるために環境にやさしい運転テクニック（エコドライビング、73ページからを参照）という課程が含まれるようになった。これについては、のちほど詳しく述べることにする。

　これら以外にもコミューンは、民間企業がトラックの走行距離を減らせるように様々な支援を行っている。具体的に挙げると、トラックの1台当たりの積載量を増やしたり、卸業者への運行ルートを調整したり、集荷と配達のスケジュールをより融通の利くようにしたり、より便利な倉庫や終着地点を手配するなどの取り組みを支援している。また、トラックが配送後に空荷で帰るという無駄をなくすために、企業とコミューンは一緒になってトラックが荷下ろし後に別の荷を積んで帰る「グリーンリターン」の可能性を協議している。それ以外にも、コミューンは、配達に必要な走行距離を短縮するために購買方法の調整および改善もしている。さらに、コミューンの職員の出張削減プログラムを

モデルとして開始することで、企業が従業員の出張を減らすための支援も行っている。

連携グループ

広範囲にわたるプログラムが実際に運用されているかどうかを確認するために、エスキルストゥーナでは政策立案者側と政策実施者側の両方を連携するべく、選抜された議員と、建築課、交通課、公共事業課、環境課、企画課などのコミューンの各部門代表者からなる「連携グループ」を組織した。この交通プロジェクトは長期にわたり、2025年に向けて5年ごとに目標排出抑制量を設定している。最終となる2025年には、2001年に比べて二酸化炭素排出量の75％抑制を狙っている。

システム思考でのアプローチ

エスキルストゥーナは、交通システムの変更を多面的に実施していく中で、人々が化石燃料を使用する自家用車を運転するかしないかは、それ以外の選択肢がいかに現実的で便利で経済的かどうかによることに気づいた。エスキルストゥーナの事例は、全体像を把握したシステム的な観点から交通・運輸を見ることがいかに持続可能な交通政策につながるかを示している。(原注4)

◆ ルーレオコミューン──車社会からの脱却

ルーレオはスウェーデン北部、北極圏の少し南に位置するバルト海沿岸の人口約7万人のコミューンだ。ルーレオには様々な特徴があるが、その内の一つに、氷河が溶けることによって土地にかかる重量が軽減されたために地盤が100年に1メートルの割合で上昇し続けているという地理学上の特色がある。この現象が理由で、コミューンの面積は1年におよそ2分の1平方マイル（約1.6

km²）ずつ拡大していっている。50年前には現在の街の中心部に港があったし、100年前には港だったその場所は河のさらに上流であった。

市街地がコンパクトなルーレオでも、ゆっくりと着実に、自動車が他の交通機関を席巻していた。この傾向から脱却するためにコミューンは、自動車を使わないでバス、自転車、徒歩での移動を住民にすすめ、交通量を10％削減するという3年間のプロジェクトを開始した。

ルーレオの中心部では、自動車ではなく自転車が主役だ。（写真提供：ルーレオコミューン）

コミューンの職員は住民に対して、1週間に2回は自動車の使用を控えるように説得して回った。都市計画や公共事業の担当部署、そして自治体が運営するバス会社などがこのプロジェクトに参加し、それぞれのチームは、広告やリーフレットを使って住民を教育するのではなく、直接的に自動車や自転車の利用者に話しかけるという、より個人に訴えかけるような手法をとっている。各チームのメンバーは、主に実践的な健康アドバイスやワークアウト（フィットネスなど）を職場で提供したわけだが、その理由は、それが自動車の利用者にアプローチする一番の近道だったからだ。市民のみんなが自動車をあまり使わないで他の移動手段を多く使うようにするためには、「にんじんアプローチ（carrot approach）」、つまりインセンティブが重要だとコミューンは考えている。(★1)

───────────────────────────
★1　スウェーデンでは「インセンティブ」のことを馬の鼻面にぶらさげる「にんじん」にたとえている。

現状の調査

　ルーレオコミューンは、自動車の運転者に対して「なぜ、自動車を使うのか」というアンケートを実施した。その回答によると、41％の人々が、「友人の家や課外活動から子どもを連れて帰るため」という現実的な理由を挙げた。そして、約10％の人が「行き先まで向かうバスがないから」と答えた。また、48％の人が、単に「快適という個人的な価値観から自動車を使っている」と回答した。

　ルーレオは、2000年の秋、6万人の住民を対象に、自動車の利用状況と自動車に代わる移動手段について調査をした。その結果、1日のべ10万回も自動車が使われていることが明らかになった。また、バスによる移動は年間1人当たり52回だった。3マイル（約4.8km）以下の短い移動の場合は、58％以上の住民が自動車、25％が自転車、9％が徒歩、7％がバスを使っていた。冬には自転車の使用者が10％と減るが、それ以外は夏のデータとさして変わらなかった。回答者の約55％は、「自動車を利用する者にとって不便になったとしても、バスが自家用車より優先されるべき」と考えていた。回答者の大多数がドライバーだという事実を考慮すれば、この数字は非常に興味深いものである。

　また、コミューンの交通担当者によれば、ルーレオコミューン内の自動車の内ほぼ半数が20年間以上使われていることが判明した（スウェーデン製の自動車は15年から20年間にわたって使われるのが一般的）。

代替案の展開

　コミューンは、職員が出張に使う公用車の内、数台にカーシェアリング・システムを導入している。市庁舎の受付のスイッチボードで予約できるので、出張に行く職員は自宅から自家用車を乗ってくる必要がない。同時に、ルーレオコミューンは、自動車に代わる公共交通のインフラの充実に取り組んでいる。2001年の時点で、コミューン内には20年前に造られた220マイル（約350km）の車両道路のほかに60マイル（約96km）の自転車道と歩道がある。

これだけでなく、公共バスのシステムも拡充している。例えば、バスに関する情報システムを構築・改良して交差点でバスに優先順位を与えたり、バスの停留所を改良したりしてその数を増やしていっている。これらのバスのシステム改善にかかる費用のうち半分をコミューンが負担し、残りはバスの利用料金で賄っている。そのうえコミューンは、屋根つき停留所と待合室を併設したバスセンターを建設する計画を立てている。

パーク・アンド・ライド・エリアの拡大も検討したが、ルーレオは人口が少なく密度が低いために不適切だと判断が下された。また、コミューン内のメインストリートを車両進入禁止にすることも検討しており、実際にそれに基づく住民投票を計画している。

実際の取り組み

ルーレオコミューンでは全世帯の80%が車を所有しており、免許をもつ住民の80%がいつでも好きなときに車を運転できる環境がある。平日には、8万人から9万人が乗車している約7万台の車が中心部に向かって出勤してくる（つまり、1台に平均1.3人が乗っている）。さらに、それぞれ9,000人ずつがバスおよび自転車か徒歩で通勤している。

ルーレオコミューンは、車が街の中心部に進入することを認めている。コミューンの交通ビジョンは、車を街の中心部から締め出すことを目指す他の自治体ほどラディカルなものではない。ルーレオコミューンの目標は、中心部で自家用車の使用を禁止することではなく、他の交通機関と統合することによって車が際立って優位となっている現状を変えることにある。(原注5)

ルーレオとオーバートーネオによるエコドライビングのサポート

ルーレオとオーバートーネオの両コミューンは、初心者ドライバーと熟練ドライバーを対象にして、ガソリンを節約し、化石燃料の使用量と廃棄物を削減

する運転方法を教えている。ルーレオの職員によれば、エコドライビング技術によって燃料の使用量が10%から20%節約できるとしている。その技術の一例を挙げると、車を発進させたらすぐにギアをシフトアップし、エンジンの駆動エネルギーを節約するというものだ。また、制限スピードに近づいたらゆっくりと減速するという方法もガソリンの節約になる。

　エコドライビングの講師は、タイヤの空気圧を適正にすることでも燃料消費量が削減できると説明している。エコドライビングの技術のほかには、アイドリングを短くする、坂道でガソリンを使わず車の惰性を利用して走行する、最適スピードで走行する、車から不要の荷物を下ろして軽量化する、走行ルートを事前によく調べて余計な回り道をしない、などがある。あるプログラム・コーディネーターがユーモアを込めて言ったように、エコドライビングとは年配の男性が普段している運転の仕方である。

　ルーレオコミューンのエコドライビング教育プログラムでは、まず生徒は何の指導も受けないで特定のルートを走行して、それに要したエネルギーを測る。そして、講習後、生徒はもう一度エネルギー消費を測りながら同じルートを走るというものである。ちなみに、ルーレオのエコドライビング講習には一人当たり約125USドル（約14,500円）がかかっている。

　オーバートーネオコミューンは、エコドライビングプログラムを高校生を対象とした初心者ドライバーのための運転カリキュラムの一部として設定している。コミューンは、エコドライビング技術を含む10回の運転講習の費用を負担し、年間およそ18,000USドル（約200万円）のコストを支払っている。またコミュー

オーバートーネオの市役所前の駐車場には自転車だけが駐車（駐輪）できる。

ンは、トラック運送組合と交通渋滞の原因となる街の産業部門とも協力している。職員によれば、エコドライビングによってトラックの排気ガスを20％から30％削減できるとしている。

オーバートーネオコミューンは企業の従業員向けにも3日間のエコドライビングの講習を設けており、その費用は一人当たり125USドル（約14,500円）となっている。コミューンの職員は、これら二つの努力で70％以上のドライバーがエコドライビング講習を受講したと推定しており、他のコミューンと比べてもこの数字は前代未聞の高率だという。(原注6)

ストックホルムでの化石燃料自動車の削減

ストックホルムは、他のヨーロッパ8都市と共同で職員に対して代替燃料車(★2)をリースしている。代替燃料車には、その利用を促すことを目的としたステッカーが目立つように貼ってある。もちろん、ストックホルムの目標はドライバーに代替燃料車への切り替えを促すことである。そのためにも、まず自らが切り替えを行っているわけだ。

これら8都市は、ガソリンスタンドに依頼したうえで、電気、エタノールやバイオガスといった代替燃料の供給を開始した。目標の一つは、消費者市場を拡大して、自動車

ストックホルムの至る所には、車道脇ではなく歩道の脇に自転車道がある。

★2　「Moses」というプロジェクト。ブレーメン、ロンドン、パレルモ、ツリン、ジヌア、ブリュッセル、プラハ。「CUTE」というEUのプロジェクトでは9都市となっている。

会社に代替燃料車の生産を促すことである。例えば、8都市が共同購入すれば、フォード社はエタノール車を5,000台分生産することができる。

　ストックホルムではまた、12世帯から14世帯を1グループとして、グループ単位で車両を所有したり借りたりするシステム（カーシェアリング）を導入している。グループごとに組織構造は異なるが、多くの場合、カーシェアリングの参加者は月極で料金とマイレージコストを支払うことになる。なかには、燃料会社と提携したレンタル会社を利用しているグループもある。レンタル会社は様々なサイズの自動車やバンを提供し、もっとも環境にやさしい車を購入することになる。ストックホルム自体も、部署や局をつなぐ職員同士のカーシェアリングのために環境配慮型の車両を購入した。

　ストックホルムのアジェンダ21のコーディネーターによれば、ストックホルムに住む世帯の内、自動車を所有しているのは20％にすぎない。カーシェアリングなどのプロジェクトに加えて、駐車スペースが非常にかぎられているし、公共交通機関が発達していることも理由の一つとなっている。^{（原注7）}

◆ コミューンの公用車両の転換

　化石燃料を削減する試みの一環として、多くのコミューンは公用車をガソリンやディーゼルからエタノールやキャノーラ（菜種）油、そのほかのバイオ燃料車両へと転換した。公用車には、公共バスとともに、職員が業務用に使う自動車、バン、トラックが含まれている。例えば、ウメオコミューンは、現在所有しているすべてのバス車両の3分の2以上に相当する30台余りにおいてエタノール燃料を導入している。ウメオは、2003年までに全車両をバイオ燃料で走らせることを目標としていた。

　ストックホルムは、1,200台の車両のうち300台を代替燃料車に切り替えている（2001年現在）。そして、次の2年間でさらに700台の切り替えを計画している（★3）。また、1998年以来、新しく車両を購入する場合は代替燃料車のトラック、バンのみの購入となっている。そして、市内のバス250台のほとんどすべてが、

現在はディーゼルではなくエタノールで走行している。

　また、ストックホルムは、化石燃料で走る古いトラックを、下水、レストランや商業施設のキッチンから出る生ゴミを原料とするバイオガスで走るトラックに切り替え始めている。それに基づいて、下水処理施設の隣にバイオガスプラントを建設し、18万ガロン（約68万ℓ）のガソリンに相当するバイオガスを生産している。下水やゴミから生産したガスを使うことで廃棄物を減らすと同時に車両に対しては燃料を提供することができるので、win-win の解決方法となっている。さらに、数百万ガロンのバイオガスを生産するプラントを二つ建設中である。(原注8)

　2001年時点で、オーバートーネオコミューンには12台のエタノール車があり、高齢者ホームケアのスタッフ用にさらに何台かのリースを計画している。エタノールガスステーションが街の中にオープンし、オーバートーネオコミューンは2001年末にはすべての公共バスと公用車を代替燃料車に転換するという目標を達成した。また同コミューンは、公共交通機関を無料にしたためにその後6ヵ月間で利用者が5倍に増加した。

★3　2005年現在、600台となっている。

（原注1）　Ray Anderson,, 1998, *Mid-Course Correction*, Peregrinzilla Press p.77.
　レイ＝アンダーソン／枝廣淳子・河田裕子訳『パワーオブハン－ひとりの力』海象社、2002年。
（原注2）　Pual Hawken, Amory Lovins, and L. Hunter Lovins, *Natural Capitalism : Creating the Next Industrial Revolution*, Little Brown, 1999, p.40
　ポール・ホーケン、エイモリ・B・ロビンス、L・ハンター・ロビンス／佐和隆光監訳『自然資本の経済──「成長の限界」を突破する新産業革命』日本経済新聞社、2001年。
（原注3）　Philip B. Herr, Herr Associates, March,2003.
（原注4）　Trivector Traffic, *Eskilstuna MATS : Program for an Environmentally Adapted Transportation System in Eskilstuna,* Report 2001, p.40, Eskilstuna, Sep-

tember, 2001.（スウェーデン語のみ）
（原注5） 2001年8月15日、環境コーディネーター Lena Bengten 氏とルーレオのプランナー Bo Sundstrom 氏の談話から。
（原注6） エコ・ドライビングについての詳しい情報は www.ecodrive.org を参照。
（原注7） 2001年8月5日、ストックホルムのアジェンダ21コーディネーター、Magnus Sannebro 氏より。
（原注8） ストックホルム市環境・健康保全部署（*Stockholm : Investing In Clean Vehicles* n.d.）

第4章
環境配慮型住宅

　土台となる地球が危うい状況では、しっかりとした家を建てることはできない。
<small>(原注1)</small>
　　　　　　　　　　　　　　　　　　　　　　　　ヘンリー・デイビット・ソロー

◆ エコロジカルでない住宅――スナップショット

　アメリカの平均的な一戸建て住宅は、建設の過程では2トンから5トンもの廃棄物を出し、住んでいる間は1年間に自動車の約2倍に当たる温室効果ガスを排出している。<small>(原注2)</small>また、伐採される全木材の約4分の1が建物の建設のために使用されており、世界では毎年30億トンの原料が建物を建設するために消費されている。<small>(原注3)</small>これらからしてアメリカの建物は、全米で使用される全エネルギーの3分の1、全電力の3分の2を消費していることになる。<small>(原注4)</small>またそれは、世界中の40％に当たる原料とエネルギーを使っていることになる。
　新築の、またはリフォームされた建物の約3分の1がシックハウス症候群を引き起こしている。<small>(原注5)</small>そして、1時間ごとに、アメリカの農地のうち45.6エーカー（約18km²）が開発用地に転用されている。<small>(原注6)</small>
　1950年にアメリカで建てられた新築住宅の延べ床面積は平均約91平方メート

★1　住宅の高気密化や化学物質を放つ建材や内装材を使用することにより室内空気が汚染されやすくなり、居住者に様々な体調不良が生じる現象。

ルだったが、2000年における平均的な新築住宅では、2階建てで2.5部屋の寝室と2台以上の車を停められるガレージがあり、そのうえ暖炉と空調設備が付き、延べ床面積は210平方メートルものにまで広がった。(原注7)

　こうした近年の建築傾向と相まって、第2次世界大戦以降、アメリカの郊外では山火事が燃え広がるような勢いで宅地開発が進められてきた。数エーカーの分譲地に一戸建ての住宅が建設され、それぞれの住宅には門から玄関までの道と一緒に一つか二つの車庫が設置されている。このような開発の仕方は、何十年間にもわたって都市計画の専門家に非難されてきたにもかかわらず、この間ずっとスプロール型(★2)の開発のモデルとなってきた。しかし今では、こうした開発は広場の保全や農業、そして生活の質（quality of life）を脅かすものだと考えられている。

　一方、欧州や北米では環境配慮型の建築が徐々に広がりを見せている。環境配慮型建築とは、右ページのコラムに挙げたような、持続可能性に関する目標を実現する設計や建築方法を採用したものである。

❶エコロジカル建築は、化石燃料ではなくて再生可能エネルギーを使って熱や電力を得ている（「グリーン」、「エコロジカル」、「持続可能」という言葉は、ナチュラル・ステップが提唱する四つのシステム条件の観点と同じ意味をもつため、本章ではこれらの単語を同義に扱う）。

> もし、それぞれの家族が一戸建て住宅ではなくいくつかの家が一つのユニットを成すような複合住宅に住み、標準サイズの車ではなくコンパクトで燃費効率のよい車に乗ったなら、エコロジカル・フットプリント(★3)は現在の3分の1ほどになり得る。(原注8)

❷できるだけリサイクルされた資材で、有害物質がほとんど、もしくはまったく含まれていない資材を使用する。

❸広場を残したり、自動車の使用を減らしたりできるようなコンパクトな開発を実現させる。

❹新しい建物を建てる前に、既存の建物を利用することを考える。

❺水、エネルギー、資源と空間は、できるだけ効率的に使う。

コンパクトな住宅開発設計は、環境配慮型建築の実践とともにコミュニティの結束を固めることになり、地域社会を活性化することにも貢献している。従来型の郊外生活がもたらす孤立を嫌い、コミュニティ指向の開発の中に「ご近所」の感覚や人と人とのつながり、社会的な相互作用を再発見する人々が増え続けているのだ。

本章では、スウェーデンの事例を紹介したい。

ウンデンステーンスホイデンとツゲリーテからはいくつかの世帯が環境配慮型住宅とエコロジカルなコミュニティをつくり上げるために結束した様子を、またオーバートーネオの各コミューンからは、エココミューンになるためにコミューン自体が環境配慮型住宅の建築を支援している事例を紹介する。そして、ストックホルムのピラミーデン地区からは、かつては公共物が破壊されたり入居者が絶え間なく入れ替わるという見捨てられた地区だったところを、エコロジカルな再開発によって自然環境が一変した様子を紹介し、続いて、ファルケンベリコミューンの経営する住宅会社が低価格の公営住宅にグリーンな建築方針を採用した背景を取り上げた。章の最後では、最も環境配慮型の建築計画が落札できるようなライフサイクル・アセスメントを取り入れたコンペを実施し、民間セクターに市場価格に見合った環境配慮型住宅の開発を促したカールスタッドコミューンを取り上げた。

> 環境配慮型住宅とは
> ● 化石燃料、重金属、鉱物に過度に依存することのない住宅。
> ● 化学物質や合成物質に過度に依存することのない住宅。
> ● 生態系を劣化させることのない住宅。
> ● 人々のニーズを公正かつ効果的に満たす住宅。
> （これらはナチュラル・ステップの四つのシステム条件に由来する）

★2　鉄道や道路に沿って、都市が無秩序に拡大していくこと。
★3　人間活動により消費される資源量を分析・評価する指標。人間一人が生活を送るのに利用する生産可能な土地面積として表される。世界平均は1.8haで、アメリカは5.1ha、日本は2.3ha、インドは0.4haである（1ha＝1万㎡）。189ページも参照。

小道と共同スペースを囲んで、コーハウジングや環境配慮型住宅は立てられている。住民たちの車は、それぞれの家の隣ではなく、共同スペースに停められている。ウンデンステーンスホイデンの住宅でもそれは同じである。

◆ エコロジカルなコミュニティ
──ウンデンステーンスホイデン、ツッゲリーテ、ルースクーラ・エーコビー

　スウェーデンでは、環境配慮型住宅やエコヴィレッジは独特の意味をもっている。スウェーデンにおける環境配慮型住宅のコミュニティやエコヴィレッジのあり方は、北米やデンマークにおいては「コーハウジング (cohousing)」として知られているものだ。人々が自らの意志で集まり、コミュニティとしてともに暮らす。このようなコミュニティ指向の住宅設計は、1960年代にデンマークで始まった。

　アメリカにおけるコーハウジング、もしくはスウェーデンにおける環境配慮型住宅では、各世帯は独立した居住ユニットを所有または賃借するが、キッチンやダイニングルームをはじめとして、住民が一緒に料理したり、食事したり、作業したりする施設は共有している。また、こうした住宅は、住民がコミュニティ指向の生活を送りやすいように設計されている。例えば、世帯間でのコミュニケーションを促進するために居住ユニットが隣接して建設されたり、ほとんどの場合、住宅の改修や管理を合意のうえで行ったりしている。

　コーハウジングや環境配慮型住宅の開発は、都市中心部でも郊外でも、そし

て田舎でも目にすることができる。ここで紹介するウンデンステーンスホイデン、ツッゲリーテとルースクーラ・エーコビーは、スウェーデンにおけるその三つの例である。

ウンデンステーンスホイデンの環境配慮型住宅

　ストックホルムの中心部から列車で約20分のところにあるのが、「ウンデンステーンスホイデン」と呼ばれるコミュニティだ。ここには、約8エーカー（約32,000㎡）の土地に様々な年齢、様々な家族構成の44世帯の約180人が住んでいる。エコロジカルな建築と生活スタイルに関して共通の価値観をもつこの44世帯は、1990年にその価値観を反映したコミュニティ住宅をともに設計・建設してここに住み始めた。

　社会背景としては、1980年代のストックホルムにおける住宅価格の急騰がある。44世帯の人々は、価格が急騰してもストックホルムに住み続けたいと願い、またここで自分たちの子どもを育てたいと思っていた。子どもが大きくなるにつれてより広いスペースが必要にもなるだろうし、快適で、かつ建築・居住・維持の過程で資源を無駄にしないような家を望んでいた。彼らがもっている共通のビジョンは、エコロジカルに生活すること、そして自分たちのニーズと将来世代のニーズの両方を満たしながら環境容量の範囲内で暮らすことだった。

　ウンデンステーンスホイデンは、スウェーデンに現在30から40ある環境配慮型住宅のコミュニティの一つである。ここの住人によれば、スウェーデンにおける

ウンデンステーンスホイデンのコミュニティ棟には、拡張したキッチンとダイニングルームができる。

環境配慮型住宅は、デンマークやアメリカと比べて社会的な価値観よりも環境的な価値観を重視して造られているという。デンマークやアメリカのコーハウジングの場合は、社会的な価値観を原則としていることが多い。例えば、アメリカやデンマークでは、共同で料理をし食事をとることはコーハウジングの前提となっているが、ここの住民は、入居して10年が経ってからようやく一緒に料理や食事をするためのキッチンをコミュニティ棟に増床し始めた。

環境的側面

　敷地と家を設計するためにウンデンステーンスホイデンのグループは、最初に社会・環境問題に対して意識の高い建築家に相談した。コーハウジングを造る場合、そのデザインを決定する過程にすべての入居予定者が参加することが多い。建築家の助けを借りながら住民たちは、これから住むことになる家を、それぞれが連結するテラスハウスやタウンハウスとして設計することに決めた。37ユニットが2階建てで残りの7ユニットは1階建て、それぞれの家の延べ床面積は平均1,000平方フィート（約93㎡）で、インテリアはユニットごとに異なるものとした。

　44という世帯数は、環境配慮型住宅やコーハウジングの単位としては大きすぎるため、居住ユニットは10世帯から12世帯ごとのグループになるように設計された。そのため、グループごとに違う「お隣さん」をもつことになる。グループをつくった当初の目的は、建物を共有したり、共同で維持や掃除をしたりすることだったが、結果的には近所同士の社会的なつながりもできた。タウンハウスとテラスハウスは広場を囲んで建てられているために、親は子どもが遊んでいるのを眺めていられるし、住民同士が広場を通るときには挨拶をしたりおしゃべりができる環境となっている。

　また、自家用車は普通の住宅地のようにそれぞれの家の脇に駐車するのではなく、敷地の端にある専用の駐車場に停めるようにした。その結果、一軒一軒の家が隣接することとなったために住民同士は自然とコミュニケーションをとるようになったし、広い共有スペースをも確保することができた。このように、複数の世帯でグループをつくることは、コーハウジングや環境配慮型住宅を設

計する際の基本的な特徴である。

そのほかにも、建物をグループ化することで敷地内に自然林や野生の花が咲く草地をいくつか残しておくことができたし、敷地の周りには、ここの住民だけでなく近隣の住民も楽しく歩ける散歩道が造られた。また、それぞれの建物にはフェンスが造られていない。

ウンデンステーンスホイデンの住民たちは、スウェーデンには人工的な遊び場が充分すぎるほどあると思っていたので、敷地内にはあえて公園を造らないことにした。その代わり、今述べたように自然の広場を残し、白樺林の中にある空き地には子どもたちが乗って遊べる小さな舟や木登り用のロープなどの簡単な遊具を設置した。

ウンデンステーンスホイデンとその近くに住む人々は、敷地内にある、自然のままに残された場所を楽しむことができる。

すべての建物は、太陽熱エネルギーを最大限に活用するために南向きに建てられている。そして、北側には森があって冬の寒さを和らげてくれる。4月から9月の間は太陽光パネルで温水と熱を供給し、暗い冬の間は木質ペレットを燃料にする地域暖房供給システムが熱を供給している。グループごとに太陽熱とバイオマスで温められた温水のタンクが設置されており、そこからすべての建物にパイプを通して送っている。また、ウンデンステーンスホイデンは、バックアップシステムとしてストックホルムの地域暖房供給システムとも接続している。

建物の資材には、有害物質や化学物質を含まないもの、そして製造や輸送において化石燃料を使用していないものを選んだ。プラスチックはこれらの条件

にまったく当てはまらないためにもちろん使用していない。また、建物の断熱材には、古新聞からつくられたセルロースを採用した(★4)。内装には、有害な揮発性有機化合物（VOCs）を発生させてシックハウス症候群を引き起こす従来のペンキではなく、卵を材料としたペンキを使用している(原注9)。

　これまで建物の外側に使われている木材壁には砒素を含んだ保護剤が使われていたが、この場合、砒素が土壌や地下水に染み込んだり、触れたときには人の皮膚にも染み込む恐れがあったので、ここではこうした恐れのない鉄を含む保護剤を使った。そして、敷地と外を結ぶ道路と駐車場には、化石燃料を使って製造されたコンクリートやアスファルトではなく砂利を利用した。砂利を敷いたところでは、雨がすぐに地面に吸収されるために地下水の補給にも役立っている。これらのように、ウンデンステーンスホイデンの住宅開発においては、化石燃料を利用してつくられた物質や製品をまったく使用していない。

　ここの住民は、エネルギーと廃棄物はすべて自分たちの敷地内で生産・処理したいと考えていた。全世帯がゴミを分別しており、生ゴミと庭の雑草は敷地内で堆肥化されている。全住宅に尿の分離トイレが設置されており、尿はパイプを通って地下タンクに集められ、農業研究のために定期的にトラックで回収されている。別の地域では、肥料に使うために農家が水で希釈した尿を回収するところもある。尿は、基本的には植物の成長に必須となる二つの栄養素、つまり窒素とリンの混合物であり、そのうえ体内において殺菌が

ウンデンステーンスホイデンのコミュニティ棟にあるこのトイレでは、尿は分別されて専用のタンクに入れられ、農家によって回収されて肥料として使われている。

されているので、水で希釈されれば良質な肥料となるのだ。(原注10)

　また、ウンデンステーンスホイデンには、台所や風呂からの生活排水を庭の芝や花壇への水まき、そしてトイレ用の水として再利用できる配管システムが設置されており、コミューンが許可すればこのシステムを利用することができる。

価格

　ウンデンステーンスホイデンでは、1990年に初めて入居した住民のうち退出したのはたった3軒である。当初の住宅購入価格は平均して1軒当たり3万USドル（約348万円）であり、住人が家を建てるために自ら作業をした場合にはさらに5,000ドルから1万USドル（約58万円～約116万円）安くなった。ところが、最近、あるユニットは25万USドル（約2,900万円）で販売された。当初の購入価格からすれば約9倍となっている。

ツッゲリーテの環境配慮型住宅

　ヴェームランド県のカールスタッドコミューンにある「ツッゲリーテ」は、スウェーデンで最初に誕生した環境配慮型住宅のコミュニティだ。1984年、反原発運動家だったヨーテボリの学生たちによって造られ、2001年現在、30人の大人と40人の子どもが住んでいる。

　カールスタッドコミューンは、環境配慮型住宅のコンセプトを支持し、建設に適した場所を一緒に検討するなど建設計画をサポートした。当初、コミュニティをつくろうとした場所で近隣住民が反対したために計画立案とその承認に3年から4年がかかったが、最終的には建設許可が下りて着工された。コミューンの職員たちはツッゲリーテの成功に触発されて、それ以後、グリーンな住宅設計を推し進めている。

★4　自然界で最大量の有機化合物。種子の毛や麻、木材などに含まれる。

環境的特徴

　ツッゲリーテでは、1階建てと2階建ての住宅が16戸、南向きに5列並んでいる。大きな窓や温室つきのベランダを備えたパッシブソーラー設計によって、日中は生活に必要な熱の10％から15％を賄うことができる。太陽で暖められた温室の空気は家中を循環し、夏には、よく考慮して設計された覆い屋根が、頭上高く昇る太陽の光を遮ることなく適度な日陰をつくってくれる。コンクリートの壁は、昼間は太陽の熱を吸収して夜間に放出し、保温の役割を果たしている。また、敷地内では決して殺虫剤や化学肥料を使用しないといった暗黙のルールもここにはある。

　木質ペレット燃焼ボイラーとソーラーコレクター（太陽集熱器）を使ったセントラルヒーティングシステムによって、すべての建物に熱と温水が供給されている。ソーラーコレクターは建物で使われる熱の半分を賄っており、またバックアップシステムとしてオイルボイラーも設置されている。そして、使用される電力の大部分は近くの風力発電から送られてきている。ちなみに、この風車を所有・稼動させている協同組合の株を住民が買うこともできる。1株で、年間1,000kWhの電力が供給されることになる。

　ウンデンステーンスホイデンのように、ツッゲリーテでも尿分離トイレを使っている家庭が一部ある。そして、台所と風呂からの生活排水を庭の芝生や花壇への水まきとして再利用している家庭もある。

太陽光が降り注ぐ南向きの温室で暖められた空気は、ツッゲリーテの住宅全体を循環している。

コミュニティの生活

　ツッゲリーテのコミュニティ棟には、キッ

チン、ダイニング、サウナ、ホビールーム、そしてリビングがある。この建物では、住民もメンバーとなっている管弦楽団が毎週練習をしている。最初の12年間、ここの住人たちは、コミュニティ棟をコミュニティ内外の子どもたちのための保育所としてコミューンに貸す一方で、夜間には4、5日に一度は住民同士が集まってともに食事をしていた。

ここでは年間を通して3、4日の作業日が設けられており、アーミッシュの^(★5)バーンレイジング^(★6)のように、一緒に働くことが重要だと考えられている。そして、これらの作業日にはコミュニティの全員が一緒に食事をすることになっている。割り当ての仕事をすることができないお年寄りや障害をもつ人々の作業は、ほかの住民が代わりに行うことになっている。普段は五つのグループに分かれて、週ごとに住宅の維持作業を受け持っている。

ツッゲリーテでは、意思決定は住民の合意のもとでなされている。この方法は時間がかかるが、ここにかぎらずほかの環境配慮型住宅のコミュニティの住民たちは、参加型の意思決定によって社会的なつながりが強まると考えている。

ここの住宅所有の仕組みは、協同組合的形式と分譲マンション形式の混合である。例えば、このコミュニティをつくるための費用のほとんどは協同組合が負担しているが、協同組合の運営資金はそれぞれの世帯が分担している。

ルースクーラ・エーコビー・エコヴィレッジ

オーバートーネオコミューンにある「ルースクーラ・エーコビー・エコヴィレッジ」は、コミューンがエココミューンへと転換する過程とともに発展してきた。ここの設立の目的は、エコヴィレッジによって人々を惹きつけ、都市部に流出した人口を呼び戻すことであった。コミューンでは、これまでの都市への人口流出により、住民の生活やコミュニティとしてのまとまりが崩れてしま

★5　キリスト教プロテスタントのメノー派の一派。また、その信徒。スイスのアマンの創始。迫害を避け、アメリカのペンシルヴァニア州に移住し地域社会集団を形成した。電気・自動車などを用いず、質素な生活様式を保っている。

★6　結婚するカップルのために一日がかりで新しい納屋を建てる風習。コミュニティの男性がみんなで取り組み、その傍らで女性たちは料理を持ち寄ってキルトを縫う。

っていたのだ。

　コミューンはまずルースクーラ・エーコビーを造るために土地を購入し、次にこの土地を九つのロットに分割して参加者に低価格で売却した。購入した人々は、子どもが成人したときや年老いた両親が近くに住めるように別に家を建てたい場合には、所有しているロットをさらに分割することができる。

　ここに住むために集まった9世帯は、最初はお互いのことをまったく知らなかった。まず、すべての世帯の住民は環境配慮型住宅の建設方法やエコロジカルな生活方法について学び、続いて、何故これらのことが社会的に重要なのかを学ぶための勉強会に参加した。そして、勉強会が終了するころには、参加者はエコロジカルな生活と世界的な動向との関係についてさらに学びたいという気持ちになっていた。

民主的な設計プロセス
　ルースクーラ・エーコビーの敷地のデザインと建物の設計は、民主的なプロセスのもとに行われた。入居予定者たちは、「グリーンな」設計者として有名なスウェーデン人とオーバートーネオコミューンの都市計画の担当者であるトルビョーン・ラーティ（つまり、本書の共著者）とともにエコヴィレッジの全体的な目標を策定し、どのようにこの目標を達成することができるかを計画した。建築士と都市計画の担当者は、住宅を購入することがそれぞれの家族にとってとても大きな決断であることに気づき、自分たちは設計の専門家として、人々に自分たちの考えを発展させるチャンスを与えなければならないと思った。このことは、参加型の設計や計画プロセスには絶対に欠かすことのできないものである。よって、設計の第一段階は、そこに住む人々がどのように生活したいかを知ることだった。

　入居予定者、建築士、都市計画の担当者間におけるディスカッションを通して、ルースクーラー・エーコビーの設計方針ともなるキーワードが生まれた。つまり、入居予定者たちは「ビュグド（Bygd）」のように設計されたところに住みたいと言ったのだ。職住が統合され、異なる世代の家族が近くに住んでいる、スウェーデン北部の集落の伝統的な様式に従って設計されたビュグドのよ

うなところに住みたい、と。ちなみに、ビュグドの考え方というのは、封建的な領主や王といった統治者なしで何千年間にもわたって自治を続けてきた地方の民主政治を象徴するものでもある。

そして、その延長として「自給自足」というキーワードがもう一つの指針として生まれた。住人たちは、家を暖めることや食物を育てることなど

ビュグド。田舎の伝統的な、一体となった集落の形。
（写真提供：スカンジナビア政府観光局）

の基本的ニーズについて可能なかぎり自給したいと考えていた。こうした思いから、住民が一緒に庭を耕したり動物を世話したりするような共有地を、家に囲まれた場所に設置しようという計画が生まれた。そして住宅は、敷地内かその近くから得られる木材で暖がとれるように設計された。最初の家は1989年に建設され、今では地元の学校に通う子どもを含めて9家族以上がオーバートーネオに住んで働いている。

◈ スラムから都市庭園へ──ピラミーデン・アパート

ストックホルムの人口過密地区にある六つの7階建ての建物が、ピンクの外装と瑞々しい緑の景観で人目を引いている。この建物はもともと安アパートで、辺り一帯は荒廃して治安の悪い地域であった。建物は現在「ピラミーデン」と呼ばれており、周りを実際に歩いてみると、蝶の舞う庭、草地の広場、そして風通しのよい大きな囲いの中で飛び跳ねるウサギを目にすることができる。そして、草や庭から出た剪定枝葉などでいっぱいになった堆肥用の木製の容器が、

鮮やかな色の花々で覆われた庭のすぐそばに置いてある。子どもたちのための遊び場と大人たちのための居心地のよい休憩所が敷地内にいくつか設置されており、それぞれが小道でつながっている。また、至る所で自転車を見かけ、それに基づいて自転車置き場も設置されている。

　数年前、10人以上の人々が所有していたこのアパートは、管理されることなく破壊行為が横行したこともあって住民は入居退出を繰り返していたし、入居者間のトラブルも絶えなかった。そこで、住宅問題を扱うNPOがここのアパートを一つ一つ購入して、「スウェーデン自然保護協会」というNPOと協力してアパートのエコ修復事業を始めた。二つのNPOはコミューンから補助金を受け、エコロジカルに修復した環境の中に様々な所得レベルの人に向けた低価格の賃貸住宅を300戸以上設置した。

　最初の作業となったのは、建物同士を隔てているフェンスとか塀をすべて取り払って広場と庭を造ることだった。そして、エコロジカルな修復に住民たちを巻き込むために、まずすべての入居者にアンケート用紙を送付して「どのように修復作業をすればよいか」と尋ねた。しかし、この方法では回答があまり集まらなかったため、小規模なグループをつくって住民たちが抱えている問題や新しいアイデアについて話し合い、NPOに対する提案と企画を策定するようにした。すると、時間とともに多くの人々がこの過程に加わるようになった。

ピラミーデンのウサギ小屋を見れば、大人も子どもも楽しめる。

夏になると破壊行為をたびたび引き起こしていたティーンエイジャーたちが、枯れた低木を取り除いて新しく土を入れるといった作業のために雇われた。また、これらの青年たちは、どのような景観にすればよいかを考える会議に招かれたこと

もあった。

このようなコラボレーションの中から様々なプロジェクトが誕生し、若者による自転車の修理・レンタル事業が始まった。虹色にペイントされた自転車は、ピラミーデンの住民に無料で貸し出されている。これ以外にも彼らは、石で素敵な中庭も造っている。

敷地内にあったすべてのフェンスは取り払われ、すべての住民が楽しめる庭と休憩所が造られた。

また、住民同士が触れあう場所として庭の中には休憩所が造られた。この庭は鳥や昆虫、蝶が集うように設計されており、絶滅の恐れがある在来種の野の花や草木を集めた庭も造られた。そして冬になると、この庭にある小さな丘にソリを持ち出して遊ぶ子どもたちの姿を見ることもできる。ちなみに、この庭に使うための堆肥は住民たちが自ら管理をしている。

ピラミーデンの中には、アパート内外に住む子どもたちのための保育所も設けられている。また、リサイクルルームが設置されており、定期的に業者が引き取りに来ている。そして、引き取られたものは別の場所で販売されている。つまり、ここの住民にはリサイクルが義務付けられているわけだ。そして、アパートの管理・運営は住民参加型において行われている。

現在、ピラミーデンは307の賃貸アパートと36の分譲アパートからなる人気物件となっており、住むにおいて最も理想的な場所となった。かつては入居者の入れ替わりが頻繁にあったが、今では逆に15年間の入居待ちリストさえできている。2ベッドルームつきのアパートの平均的な家賃は月額500USドル（約

58,000円)だが、入居者の中には国から住宅手当を受けている者もいる。

　これまでは、賃貸アパートの管理・運営に住民を巻き込むことに懐疑的な人たちもいたが、ピラミーデンの例は、住民参加は賃貸でも経済的によい結果を招くことを示した。入居者の入れ替わりはずいぶん減ったし、そのおかげで当然のごとく支出も減った。先にも述べたように、今ではここから出ていこうとする住民はほとんどいない。(原注11)

✦ グリーンな開発を奨励する町──ブランドメスタレン住宅

　ヴェームランド県にあるカールスタッドコミューン(レーン)は、立地条件がよく地価の高い場所に1エーカー（約4,000㎡）の土地を所有していた。そして、市役所で働く都市計画の担当者は、市内に住宅の供給を増やし、また持続可能な「グリーンな」住宅建設を進めていきたいと考えていた。都市計画担当者に促されてコミューンは、自らが所有するこの土地に住宅を建設するために、民間の住宅開発業者に対して持続可能な建築計画の企画書を求めるコンペを行うことにし、それに勝った事業者がこの土地を購入して住宅を建設することにした。立地条件がよく市場価値も高い土地ということもあって、コミューンは住宅開発業者からたくさんの応募があるだろうと予想した。

　カールスタッドの環境配慮型の設計基準を開発したことのある都市計画の担当者が、企画書の要件とそれを選ぶための環境保全を基礎とした評価プロセスを考案した。そして、その内容は、企画書の判断基準と評価プロセスの両方にライフサイクル分析の手法を取り入れたものとなった。ライフサイクル分析によって製品や原料のすべてのプロセスが審査され、次のような質問がされた。

- この製品はどこから来たのか？
- 製造にはどのような資源やエネルギーを使ったのか？
- その部材を建設現場まで輸送するのに、どれくらいのエネルギーが使われたのか？
- この部材を長期間使用することで、どれだけのエネルギーが節約・消費されるのか？

- その部材が耐用年数を超えたときにはリサイクルできるのか？
- 部材やその副産物は生分解されるのか？
- 有害物質を含んでいないか？

ライフサイクル分析は100年間のライフサイクルを想定したもので、以下の開発デザインの四つの局面に適用され、その分析結果に従って評価がされた。

- 企画全体が近隣地域とコミューンの雰囲気に合っているのかという開発計画の背景に関する局面。
- 建物設計の局面。
- エネルギーシステム設計の局面。
- その他の環境的特徴の局面。

　開発業者からは五つの企画が提出された。コンペを勝ち抜いた企画書が、現在「ブランドメスタレン（Brandmästaren）住宅」と呼ばれているものである。五つの建物に合計25の居住ユニットがあり、それらが1エーカー（約4,000㎡）の土地に中庭と広場を囲んで建てられている。

　この企画書は、安価な木材の薄板を何層かに重ねて、厚く断熱効果の高い床と屋根をつくり出すという大規模な木造建築の方法をとっていた。この工法によって屋内環境は健康に配慮され、防音効果も得られた。また、有害化学物質の使用を減らし、解体時に部材を(★7)

ブランドメスタレン住宅は、設計と建設の両面で最もエコロジカルなものであるよう、ライフサイクル分析の手法を用いて開発された。

★7　PVCなどのプラスチックを使わない、大規模な木造建築のため。

リサイクルしやすくするために接着剤ではなくボルトと釘が使用された。コミューンが実施したライフサイクル分析によると、この工法は主に鉄やコンクリートを用いた企画よりもずっと高い評価を得た。

　木材以外の建築材料に関しては、屋内の空気をできるだけ健康的に保つことを基準にして選んだため、化学物質ではなく、発泡ガラスとセルロースからつくられた断熱材が指定された。接合部の接着や断熱のためには、化学物質を多く含む発泡スチロールの代わりにココナッツの繊維が使われた。そして、エネルギーの無駄を減らすためにすべての窓に3重ガラスを採用した。

　このほか、建設にあたっては可能なかぎり自然のものを原料とした材料を使用した。開発担当者によれば、バスルームには湿気を防ぐためにレンガが使われ、湿気を吸収しやすい木材の代わりに金属材が使われている。また、すべての家には換気システムが設置され、どの部屋にも新鮮な空気が送り込まれている。室内に温室が設置され、その植物によって室内の空気はさらに浄化されることになる。そして、キッチンにある食料貯蔵庫には地下室からの冷たい空気が入る仕組みとなっている。伝統的な地下貯蔵庫のコンセプトを踏まえたこの仕組みは食料を保存する冷蔵庫代わりとなり、省エネに役立っている。そのほか、各戸には洗濯物を乾かすためのオープンエアのよろい窓があり、コンピュータ化された暖房システムは、住人が帰宅したときには温度が上がり、外出すると温度が下がるようになっている。

　土が盛られた屋根は雨水を吸収し、建物の保冷、断熱にひと役買っている。屋根に植えられたイネ科やベンケイソウ属の植物はそれらの住宅建設のために失われた植栽の代わりになるということもあって、このタイプの屋根

外に突き出た鎧(よろい)窓は、新鮮な空気で洗濯物を乾かすクローゼットだ。

はライフサイクル分析において高い評価を得た。また、敷地内に流れる雨水はすべて利用されている。雨水はいったんタンクに集められ、住民は中庭に設置されたポンプを使って庭と植栽に水やりなどをしている。

安全面への配慮から、すべての建物には宅配便などを受けるための玄関ロビーがあるが、それより奥には住人しか入れないようになっている。そして、車の使用をなるべく減らすようにと考えて、正面ドアの隣のポーチの下には自転車置き場が設置されている。

ブランドメスタレン住宅は、市場価格に見合ったものとして設計・販売された。開発担当者によれば、住宅の購入者は特にエコロジカルな特徴を重視したわけではなく、その快適さ、魅力、建物の質といった面を考慮してこの住宅を選んで購入したということだ。つまり、カールスタッドコミューンは、エコロジカルな住宅が市場価格で売れる住宅となり得るというプロジェクトの最初の目的を達成したわけだ。(原注12)

ブランドメスタレンでは、すべての雨水は集められて再利用されている。住民は、中庭にあるポンプでこの水をくみ上げ、庭の草木に水をやることができる。

低価格住宅をエコロジカルに
──ファルケンベリコミューンが経営する住宅

ファルケンベリが経営する住宅会社「FaBo」は、住民が健康で有害物質のない環境で確実に生活できるように、建築に対する政策を徹底的に見直した。そして、低中所得者も居住できる補助金支給対象の住宅を環境配慮型住宅にしたわけだ。

アメリカ合州国や他の国々と同じように、スウェーデンでも1960年代や1970年代の建築方法はいわゆるシックハウス症候群を多く生むことになった。つまり、建築資材に含まれている有害化学物質やカビが居住者の健康を損ねたのだ（第4章などを参照）。

FaBoとコミューンは、建物をエコロジカルなものに変えていくことで住民の健康を守り、健康を害する住居を改修するための費用を節約することができると気づいた。目標を達成するためにFaBoとファルケンベリは、建物のデザインと建設方法をエコロジカルな方向に変えていった。まず、公営住宅会社とコミューンは、建物の品質を監督するすべてのスタッフに対して環境配慮型の建築に関する教育と研修を受けさせた。また、建造物の建築許可申し込み手続きや使用可能な資材を変更し、開発デザインの審査や建設規格に関して環境に関する審査項目を設定した。その結果、換気が確保された健康な室内環境をつくり出すこととエネルギーを無駄にせずに再利用するシステムを備え付けることは低価格住宅の建設に関する最優先事項となり、この新しい環境配慮型住宅の建設基準が、公営住宅のみならずファルケンベリで建設されるすべての公共建造物に適用されることになった。

　2001年には、FaBoは公営住宅における水とエネルギーの消費量を1997年のレベルに削減するという2ヵ年計画を策定した。この計画によると、水の使用量を15％、化石燃料の使用量を30％、エネルギー消費量を10％、それぞれ削減することになる。(原注13) これらはエネルギー使用量を削減するとともに、再生可能なエネルギー源に変換していくというファルケンベリの目標の一部分でもある。現在、FaBoは、国際的に認知されている環境マネジメントの規格ISO14001を取得している（ファルケンベリとコミューンの再生可能なエネルギーへの取り組みに関しての詳細は第2章を、ISO14001に関する情報は第5章と第7章を参照）。

(原注1)　Ray C. Anderson, *Mid-Course Correction* （レイ・アンダーソン／河田裕子訳『パワー・オブ・ワン：ひとりの力：次なる産業革命への7つの挑戦』海象社、2002年）扉ページからの引用。

(原注2)　*Buildings and the Environment*, Green Building Program, U.S. Environmental Protection Agency. <www.epa.gov/greenbuilding/envt.htm> 2002年8月14日更新。

(原注3) David Malin Roodman & Nicholas Lenssen, *A Building Revolution: How Ecology and Health Concerns Are Transforming Construction*, Worldwatch Paper 124, The WorldWatch Institute, 1995. Paul Hawken, Amory Lovins, and L. Hunter Lovins, *Natural Capitalism: Creating the Next Industrial Revolution,*（ポール・ホーケン，エイモリ・B.ロビンス，L.ハンター・ロビンス著／佐和隆光監訳『自然資本の経済――「成長の限界」を突破する新産業革命』日本経済新聞社、2001年）p.85.からの再引用。

(原注4) *Green Buildings*, Smart Communities Network, U.S. Department of Energy. <www.sustainable.doe.gov/buildings/gbintro.shtml>

(原注5) David Malin Roodman & Nicholas Lenssen, *A Building Revolution: How Ecology and Health Concerns Are Transforming Construction,* Worldwatch Paper 124, The WorldWatch Institute,1995. <www.worldwatch.org/pubs/paper/124.html>

(原注6) American Planning Association, *Policy Guide on Planning for Sustainability*, p.3.

(原注7) "Moving Toward Sustainability in Planning and Zoning"内の注記より，Sarah James, *Planning Commissioner's Journal,* no.47, Summer, 2002, p.10..

(原注8) Mathis Wackernagel and William Rees, *Our Ecological Footprint: Reducing Human Impact on the Earth,* New Society Publishers, 1996（マティース・ワケナゲル、ウィリアム・リース著／池田真里訳『エコロジカル・フットプリント――地球環境持続のための実践プランニング・ツール』合同出版、2004年、p.104）を参照。

(原注9) 揮発性有機化合物（VOCs）に関しては、「第5章 グリーンなビジネス、グリーンな建物」の「グリーンゾーン――大企業によるグリーン開発の実験」を参照。

(原注10) ウプサラ大学医学生理学部教授の Mats Wolgast 氏による研究に基づく。Ron Williams, "Free Urea Based Fertilizer," 2002 <www.geocities.com/impatients 63/FreeUreaBasedFertilizer.htm>も参照。

(原注11) ピラミーデンとストックホルムに関する情報は、Magnus Sannebro 氏の談話（2001年8月5日）による。

(原注12) カールスタッド都市計画担当者の談話（2001年8月7日）による。

(原注13) FaBo とファルケンベリ経営の住宅に関する情報は下記による。"Environment and Eco-cycling Program for the municipality of Falkenberg: 2001-2005," Falkenberg Kommun, April, 2001

第5章
グリーンなビジネス、グリーンな建築

> グリーン（＝環境保全型）であることは、最終的にはブラック（＝黒字）であるということだ。
> デッド・サウンダース氏「ボストンパーク・プラザホテル」共同オーナー（原注1）

はじめに

　ビジネスと産業は環境保全の敵だ、と思われることが多い。しかし、実際には持続可能な発展を先導しているビジネスや企業はたくさんある。事業や製品の一部を持続可能なものに転換したケースは数え切れないほどあるし、組織的に事業全体を持続可能な方向へ変えることを検討する企業の数も着実に増えている。それでは、なぜこのような動きが起きているのだろうか。いうまでもなく、経済的なメリットがあるからだ。
　破産寸前だった事業者が事業を持続可能な方向へ変えることによって市場をリードするようになった事例として、「ソンガ・セービ」（112ページを参照）と「スカンディックホテル（★1）」が挙げられる。これらの企業は、持続可能性への羅針盤としてナチュラル・ステップの四つのシステム条件を用いた。
　よく知られていることだが、レイ・アンダーソンCEOが率いる「インターフェース社」は、多国籍な事業展開をしているのにも関わらず全社でゴミをゼロにするという目標を掲げ、目標達成に向けて現在も前進し続けている（原注2）。また、

これらの企業だけでなく、「イケア」や「コリンス・パイン・カンパニー」などの企業も、ナチュラル・ステップのシステム条件を指針として事業方法を転換してきた。こうした事例は、ブライアン・ナットラスとメアリー・アルトメアー著の『The Natural Step for Business』に記載されている。(原注3)

コミュニティと自治体は、これらのビジネスの成功事例から少なくとも以下の二つを学ぶことができる。

まずいえることは、自治体の業務は多くの点で企業の業務と似ているため、事業を持続可能な方向に転換する際の方針や実践については、企業のシステムを十分に適用できるということであ

> 持続可能な社会では、
> ❶自然の中で地殻から掘り出した物質の濃度が増え続けない。
> ❷自然の中で人間社会の作り出した物質の濃度が増え続けない。
> ❸自然が物理的な方法で劣化しない。
> ❹人々が自らの基本的ニーズを満たそうとする行動を妨げる状況を作り出してははらない。
> （ナチュラル・ステップが提言する持続可能な社会のための四つのシステム条件）

る。いうまでもなく、エネルギーや燃料の消費量、廃棄物、そして有害物質の使用を削減すれば結果的にコスト削減につながる。このことは、当然、企業でも自治体でも同じである。

次に、コミューンは地域社会の経済発展において重要な役割を担っていることが挙げられる。コミューンの土地利用に関する政策や規制が理由で事業の立地が左右されたり誘導されたりし、また上下水道と廃棄物、そして電気とガスなどのインフラもコミューンが管理しているために企業活動と立地の選択に大きな影響を与えている。それにコミューンは、地区、地域やレーン（県）の経済開発計画を通じて、企業に対して助成金や融資を供与する場合もある。自治体はこうした手段を使って民間企業を望ましい方向に動くよう働きかけたり、

★1　1990年初め、倒産の危機にあった同ホテルは、経営再建のために新しいCEOを雇った。CEOは、全従業員にナチュラル・ステップの教育を受けさせた。その結果、持続可能性に向けた改革が進み、経営状態も改善された。

導き、支援することができる。

　本章では、グリーンなビジネスを実践したり、グリーンな建築をしたりしている大小の企業と、それをサポートしているコミューンの事例を紹介する。なお、本章で用いる「グリーンな発展」と「持続可能な発展」という言葉に関しては、どちらもナチュラル・ステップが提唱する四つのシステム条件を満たすような発展と定義し、同じ意味で使用することとする。

グリーンゾーン──大企業によるグリーンな発展の実験

　スウェーデン北部のウメオコミューンに、驚くべきビジネスパークがある。フォード社の販売・サービスディーラーである「スタットオイル社」のガソリンスタンドと洗車場、コンビニ、そしてマクドナルドという三つの多国籍企業の地元フランチャイズが入った「グリーンゾーン」というビジネスパークだ。

　一見、特に変わったところはないように見えるが、実際にここを訪れると、まず建物の屋根が緑色であることに気がつく。近づいてよく見ると、屋根の上に草が生えているのが分かる。そして、フォード社の駐車場に立ってみると、足元がアスファルトではなく緑と敷石に覆われていることに気づき、建物を見上げてみると太陽光パネルが設置されていることに気づく。空腹感に襲われた訪問者がマクドナルドの店内に入って「ビッグマック」を注文しようと頭上のメニューを見上げると、いつものメニューのほかに変わったものがあることを発見する。「マックガーデン・バーガー」って何だ？　一体、ここで何が起こっ

駐車場に敷かれた多孔性の敷石と芝生が雨水を吸収するので、排水量が減り排水路も少なくて済む。

ているというのだ？

　グリーンゾーンで驚くことは、世界中で合計52,000軒の事業所を運営するこれら3社がコラボレーションをしていることだ。つまり、100％再生可能なエネルギーを使い、敷地内の全雨水を再利用して、副産物（廃棄物）は100％リユースまたはリサイクルするというビジネスパークを運営しているのである。すべての建物が天然素材かリサイクルされた材料でできており、耐用年数が経過したのちには分解することが可能となっている。ここの建物はエネルギー効率がとても優れているために、エネルギー使用量および電力消費量は従来のものに比べて60％減となっており、敷地内の水道水の使用量も70％削減された。

イネ科とベンケイソウ属の草が生えているマクドナルドの屋根は、雨水を吸収することで排水量を減らし、冬には断熱効果、夏には冷却効果を発揮する。

グリーンゾーンはどのように始まったか

　1997年、フォード社の地元ディーラーのオーナーであり、この土地の所有者は、ここをエコビジネスパークのモデルにしようと考えていた。ディーラーが親会社であるフォード自動車にコンタクトをとったところ、「ぜひやろう」という答えが返ってきた。その後、フォード自動車とこの地元ディーラーがスタットオイル社とマクドナルド社にこの話をもちかけ、参加の合意をとりつけたわけである。そして、2000年4月にグリーンゾーンの操業が開始された。

　グリーンゾーンの設計者は、敷地の開発に関し、ホリスティック（全体論的）に考えて敷地内だけで水の循環が完結するようなアプローチを採用した。つまり、植物が動物の食糧になり、その排泄物が植物の栄養になるという自然の循環の原理に従うというものだ。この仕組みがゆえに自然の循環は「閉じた環

（クローズド・ループ）」と呼ばれ、その中ではほとんどすべてのものが繰り返し使われている。この原理に従って、グリーンゾーンの建設や運営に使われる物質とエネルギーは、実質的にはほとんどが再生可能かリサイクル可能なものとなっている。

環境的特徴

　グリーンゾーンの計画担当者は、まず土地の状態を注意深く調査した。敷地内にあった空き家は別の場所へ移築され、今では家族用の住宅となっている。土地の構造と外形を詳しく分析したことで余分な掘削(くっさく)や埋め立てを減らすことができたし、また敷地内に生えていた草は建物の屋上などの場所に移された。設計者と建築業者は、絶滅の危機に瀕している甲虫類の生息地を奪わないように松の木々はそのまま残し、ナラの木は切り倒されずに別の場所へ移植された。

　建物で使われる電力は、15マイル（約24km）離れた海岸にある風車から送られてきている。そして、スタットオイル社では建物を換気するために風力で動く送風機を使っているし、フォード社の建物では、天窓と「ライトパイプ」[★2]で日光を取り入れることによって日中の電力消費量を60%から70%減らすことができた。ちなみに、使用中でない部屋の電気は動作を感知するセンサーによって自動的に消されるようになっている。

　屋上緑化のおかげで夏場でも建物が涼しく保たれて、エアコンの必要がない。また、この屋根は降り注ぐ雨の半分を吸収するために雨水処理も少なくて済んでいる。それに、屋上緑化は鳥や虫の生息場所を提供するという役割も果している。

　そして冬場には、地熱ポンプが建物を暖めるのに役立っている。それぞれの建物で発生した余熱は、熱リサイクルシステムにより地下パイプで別の建物へと送られている。例えば、マクドナルドのホットプレートやポテトなどを揚げる鍋からの熱、そしてスタットオイル社（コンビニ）の冷蔵システムから排出される温水は地熱ヒートポンプに送られたのちにビジネスパークのすべての建物へと送られている。このシステムによって、熱を発生させるためのエネルギ

ーが大幅に削減されている。また、フォード社の建物に設置された太陽光パネルは空気を暖めてエネルギー消費量をさらに削減している。

敷地内では、すべての雨水が収集されている。アスファルトの代わりに草と敷石を使った駐車場と砂利が敷かれた道が雨水を吸収することによって排出が少なくなり、地下水量が一定に

フォード社の建物に取り付けられた太陽光パネルは、取り入れた空気を暖め、エネルギー消費量削減に寄与している。

保たれている。また、吸収されなかった雨水は小川や池に集められて、貯水池である水生植物園へと流れ込む仕組みとなっている。そして、ガソリンスタンドに設置された給油ポンプの付近には、化学物質やガソリンが地面に沁み込まないように表面の敷石の下にビニール製のカーペットを敷くという配慮がされている。

スタットオイル社の洗車場では、洗車のために敷地内の雨水を使っている。まず、最新式のろ過システムが重金属や塩分を除去して雨水をきれいにする。その塩分は集められて、乾燥して再利用されている。そして、このろ過システムによって洗車に使われた水の99％までが再びろ過され、循環されて洗車に使われている。ビジネスパークの社長によれば、ここの洗車場はスウェーデンで、そしておそらく世界でも初めてエコラベル認証を受けた洗車場であるということだ。

グリーンゾーンでは、シャワーと台所からの排水、トイレ排水、そして自動車からの汚染物質を含んだ排水という3種類の排水システムを採用している。トイレに関していうと、外にあるタンクとつながっていて、飛行機のトイレさ

★2 パイプを利用した照明システム。照明導管を通して光を届ける。

スタットオイル社の洗車場では、貯水池に集められた敷地内の雨水を使って洗車をしている。

ながら一度に1.65リットルの水しか使わないし、下水は浄化された肥料となって農業に使われている。

　建物は、最終的には解体されることを想定して造られている。建物で使われているすべてのパーツはネジかボルトで結合されているため、分解してリユースすることができる。また、設計士は複数の機能をもつ資材を選ぶようにした。例えば、天井の素材には防音・断熱・吸湿効果をもつとともに、室内が乾燥しているときには水分を放出する木材を使った。建物に使ったワイヤーとケーブルはすべてハロゲン（塩素と臭素）やPVC（ポリ塩化ビニール）を使っていないために、安全にリユース、リサイクルすることができる。(原注4) ほとんどのペンキには有害な揮発性有機化合物が含まれているために、マクドナルドとスタットオイル社の木造の外壁にはペンキを塗らずにタールが防水のために塗られている。(原注5) ちなみに、建物の建設に使われた木材は、近隣の森林からか持続可能な森林管理を行っている木材業者から購入されたものだ。

　ここでは、機械的なHVAC（暖房、換気、エアコンディショニング）システムに代わって温室に育つ植物が光合成という自然作用によって室内の空気を浄化・冷却し、酸素を放出して二酸化炭素を吸収している。1時間に2度温室の中に水が噴射され、植物の葉についた汚れを落としている。これらの汚れは、もちろん土の中で自然分解されることになる。

　このように、新鮮な空気が地中に埋められたダクトを通って建物の中に入ってきて、室内を夏には涼しく、冬には暖かくしてくれる。そして、建物内の温度差により空気は自然に建物内を循環することになる。屋根には吸気器が取り

付けられているために通気性がよく、湿気による劣化も防いでいる。

　スタットオイル社のガソリンスタンドでは、石油由来のガソリンやディーゼルに替わる3種類の燃料を販売している。また、ガソリンスタンド附属のコンビニでは、まとめ売りとビニール包装を工夫することで包装物のゴミを90％削減した。コンビニの冷蔵庫では、フロン（CFCs）の代わりに不凍剤が冷媒として使用されており、(原注6) 冷蔵庫からの廃熱は、先にも述べたように回収されてほかの建物へ送られている。

フォード社の建物内にあるミニ温室はフィルターの役目を果たし、室内の空気をきれいに涼しくしている。（右上と中央奥）

　スタットオイル社のコンビニでは、PVCを使用した製品はほとんど扱っていない。またここでも、HVACシステムの代わりに温室を利用して空気浄化を行っている。もちろん、店内では新鮮な有機野菜やそのほかのオーガニックな商品、またエコラベルがついた商品も販売している。

　マクドナルドでも、店内の空気を浄化・冷却するために温室による空気浄化システムを採用している。ゴミ箱には分別表記がしっかりされているので、客は自分たちが使った様々な容器をどこに入れればよいかが分かるようになっている。前述したように、メニューには肉を使ったハンバーガーに代わってベジタリアン用のマックガーデン・バーガーがある。揚げものに使う油は洗浄され、化粧品の原料として再利用されている。

　フォード社のサービスセンターがある建物には「リキッドバー」があり、ここでは廃油などの廃液がリサイクルされている。サービスセンターではタンクに入ったオイルや不凍液が並べられており、タンクにはオイルや不凍液を直接自動車のエンジンに送るためのチューブがついている。また、チューブには廃

油や廃液をエンジンから吸い上げる機能も備えられているので、そこで働く人たちが廃液などに触れるどころか見ることもない。現在、サービスセンターでは浄化したオイルを芝刈り機や産業用のエンジンなどにリユースする方法を探っている。というのも、ベジタブルオイル(★3)は、石油のオイルとは違って油圧式のカーリフトをより滑らかに作動させるからである。

グリーンゾーンのマクドナルドは、ベジタリアンのために「マックガーデン・バーガー」を提供している。

　また、自動車部品を収納しておく棚は、金属ではなくリサイクル木材でできている。一般的には自動車サービス工場は環境の悪化に深く関わっていると考えられているが、ここのサービスセンターの事例は、自然環境を保全しながら自動車の修理や点検をする方法を示している。

　中古車を販売するために、これまではその車のエンジンを洗浄するのが慣行となっていたが、それをフォードサービスセンターではあえて洗浄しないことにした。研究の結果、化学物質やオイルが混合した汚水を排出するよりも、エンジンを洗浄しないでそのまま使う方が環境にとっても好ましいと判断したからだ。汚染排水の処理問題がなくなったことで、結果的にはコストも削減することができた。

　持続可能なビジネスへの転換の一環として、フォードサービスセンターは従業員が健康的で快適な労働環境で働くことがで

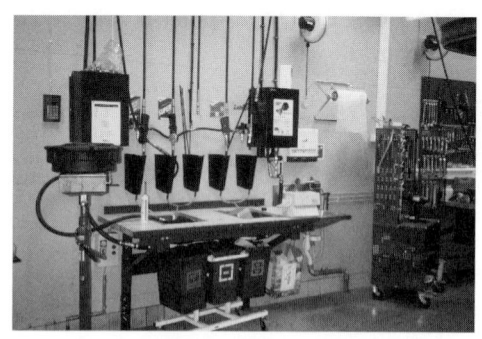

リキッドバーが自動車から廃油などの廃液を取り除いてリサイクルするため、そこで働く人たちは廃液に触れるどころか目にすることもない。

きるように設計されている。最新式の換気装置、照明、電磁波管理システムも、労働者にできるかぎり健康的な労働環境を提供することを目的として設計されている。フォード社のマネージャーによれば、作業場内の電磁波強度は、少なくとも警告されている最低の基準値の5分の1以下ということである。

このサービスセンターは、経営手法においても革新的な方法をいくつか導入してきた。一例として、客と整備士を仲介するカスタマーサービスというポジションをなくして、直接整備士が客に対応するようにしたことが挙げられる。つまり、客自らが修理場に足を運んで、必要なことを整備士に直接相談するわけだ。これにより、客は毎回同じ整備士に相談することができるようになった。

石油のオイルの代わってベジタブルオイルが油圧式のカーリフトを動かしている。

グリーンゾーン・ビジネスパークの設計と持続可能なビジネスへの転換が組織的に全体的な変化を確実にもたらすようにするため、フォード社、スタットオイル社、マクドナルドの3社は、ナチュラル・ステップが提唱する持続可能な社会を実現するための四つのシステム条件を事業方針の枠組みに採用した。そして、グリーンゾーンの設計者やスタッフは、敷地設計、建造物設計、操業や経営体制のすべての側面にそのフレームワークを適用することとなった。また、設計者とこれら3社は、1年目に省エネ機器を導入し、2年目には副産物のリサイクルを進めるといったように一つずつ問題を解決していくようなアプ

★3　文字通り、原料が植物であるオイルで、ここでは菜種油と考えられる。でんぷんや糖蜜を原料とするエタノールも含まれるし、それ以外に「BDF」や「SVO」と呼ばれる燃料もある。

第5章　グリーンなビジネス、グリーンな建築

ローチではなく、同時に全システムを変えていくような方法をとった。

グリーンゾーンでビジネスを営む3社は、持続可能な取り組みが確実に続けられるよう、従業員に対して環境教育とナチュラル・ステップの研修を定期的に行っている。研修は、従業員がグリーンゾーンのさらなる改善に向けて新しいアイデアを提案する機会にもなっている。

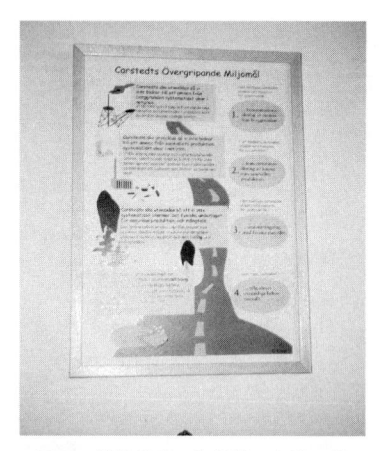

フォード社のホールには、ナチュラル・ステップの「四つのシステム条件」が記されたポスターが貼ってある。

市場における利益

グリーンゾーンにサービスセンターを出店して以来、フォード社は持続可能なビジネスがいかに財政的にも利益を生むのかを身をもって知った。グリーンゾーンで営業を開始した年、ディーラーの自動車販売台数は前年度に比べて150%アップし、修理などのアフターサービスの売り上げも倍増した。また、2002年に販売されたすべてのフォード車は、ガソリンなどの従来型燃料と代替燃料であるエタノールのどちらもが使用できるフレックス燃料車であった。グリーンゾーンで営業する以前のローカルマーケットにおけるフォード社のシェアは第9位か第10位だったが、今では同サイズの車の中でシェア第1位となっている。

グリーンゾーンのフォード社の施設は、自動車ディーラーとしては初めて環境マネジメントである認証ISO14001を取得した。(原注7)

「これは環境面における慈善活動ではなく、堅実なビジネスだ」

グリーンゾーンの成功を受けてマクドナルドとスタットオイル社は、このようなエコベンチャーのコラボレーションを世界的に行うことについて協議し始

めた。そして、フォード社は、自動車と建物の設計でグリーンプロジェクトを積極的に推進している。例えば、ミシガン州ディアボーンにあるフォード社の新しいルージュ組立工場は、50万平方フィート（約46,000㎡）の屋上緑化の屋根と太陽光パネル、そして燃料電池などを設置し、最新式の環境配慮型の建造物の特徴を備えている。フォード社会長のビル・フォード・ジュニア会長は、ルージュ組立工場について次のように述べている。

「これは環境面における慈善活動ではなく、堅実なビジネスだ。すでに開発・使用されている施設の中で、自動車生産のための業務ニーズと環境・社会問題に対する配慮とのバランスをとり、再デザインした初めての例である」[原注8]

グリーンゾーンとウメオコミューン

　ウメオは、エコビジネスパークの開発に関してグリーンゾーンの設計者および3社と緊密に協力しあった。ビジネスパークではすべての雨水と排水が処理およびリサイクルされるので、コミューンの下水道や雨水処理システムには接続されていない。コミューンの計画担当者としては、グリーンゾーンの革新的な排水と雨水処理システムを調査して許可証を発行する必要があった。ウメオの計画担当者と設計者たちは、グリーンゾーンを持続可能な建築と敷地計画の実験場であり、学びの機会を提供する場だと考えている。そして、コミューンの職員は、これからの市内の開発プロジェクトにおいては屋上緑化を積極的に導入しようと考えている。このように、グリーンゾーンではエコロジカルな取り組みや環境に配慮したマテリアルについての様々な実験が行われており、その実験結果は現在進行形でコミューンを含むプロジェクトの参加者に提供されている。

　グリーンゾーンは、持続可能な発展が実現されている場所として国内外の注目を浴びている。毎年、50万人を超える見学者が訪れ、その中にはスウェーデンの環境大臣やEUの環境長官もいる。

　3社とグリーンゾーンの設計者は、敷地計画、住居以外の建物の開発、そして自動車とファーストフード部門の事業運営が機能や快適さを犠牲にすること

なく自然資源をいかに保全・保存できるか、そして持続可能なビジネスの実践と同時に営業収益がいかに達成できるかを証明したことになる。[原注9]

◆ ソンガ・セービー──グリーンな開発はよいビジネス

ストックホルムから45分の場所に位置するホテルと会議場の複合施設であるソンガ・セービーは、健康的で環境配慮型の宿泊施設と食事にひかれてやって来る人が増えたために施設を拡張する必要性に迫られていた。新しく就任したCEOのマッツ・ファックは、持続可能な指針を使って別館を設計・建設することにして、財政危機にあったソンガ・セービーを立て直した。その指針となったのが、ナチュラル・ステップの四つのシステム条件であった。

マッツ・ファックCEOとソンガ・セービー社の取締役による会議は、新しい別館を可能なかぎりエコロジカルな方法で建設するという目標を定めて、建設仕様書に目標とそれを実践するための必要事項を記載した。例えば、仕様書には、建設請負業者に対して、「木を1本切り倒すごとに12,000USドル(約140万円)の罰金を課す」と書かれていた。

ソンガ・セービーの新別館は、もともとの土地の状態と植生にできるかぎり影響を与えないように建てられた。建設仕様書の条項には、建設業者が木を1本切るごとに12,000USドルの罰金を課すことが盛り込まれている。

環境的特徴

設計者は、太陽の光を最大限受けられるように建物を設計した。そのおかげで、3月から10月の間、建物は太陽によって暖められることになる。それ以外

のシーズンは地熱ポンプが建物を部分的に暖め、また水力発電の電力が地熱を部屋の暖房に使える温度まで暖めている。また、暖房用パイプを床下に設置することで、室温を2度暖めるのに必要な熱と電力を削減することができた。

屋上緑化のおかげで夏場は室内が涼しく保たれるので、エアコンをつける必要がない。そして冬場には、屋上緑化は断熱の役割を果たすことになる。また、それぞれの壁にはリサイクルされたグラスファイバーが使用されているためにさらなる断熱効果が実現されている。ちなみに、建物に使用されたすべての資材はISO14001を取得した業者から購入されている。(原注10)

マッツ・ファックCEOとソンガ・セービー社の全取締役は、別館の建設に関してもう一つの目標を定めた。それは、豪華かつ健康的な客室を造るというものであった。そのため、家具は「スウェーデン・アレルギー協会」(★4)の認証を受けたものを採用した。イケア社もエコラベルの付いている家具を販売しているが、ここの家具は買わなかった。マッツ・ファックによれば、「イケアのベッドは3年しかもたないが、ソンガ・セービーのベッドは20年の耐久性がある」というのがその理由であった。

ソンガ・セービーのベッドはすべて天然の素材からつくられており、化学物質は一切含まれていない。例えば、マットレスの素材には、ていねいに洗ってアレルギーを誘発する物質を取り除いた馬の毛が使われている。また、木の床は、その素材感を大切にするためにポリウレタンで仕上げないで毎年1～2回はオイルで磨き、キズなどは紙やすりで削ったりして手入れをしている。

サプライヤー（製品供給業者）を教育する

マッツ・ファックCEOは、ソンガ・セービーの別館建設を通じて建設業者とサプライヤーに「21世紀型ホテルのつくり方」を教えていた。これまで建設業者とサプライヤーは、「ソンガ・セービーは高レベルの持続可能性に見合った製品を要求するが、それを供給するのは不可能だ」とよくこぼしていた。そ

★4　Swedish ASthmaand Allergy Association。ぜん息、アレルギーをもつ人達の生活改善のために活動している団体。会員、26,000人。Box 49303, 10029 Stockholm

ソンガ・セービーの玄関。

れに、サプライヤー自身が、自らが扱う製品に使われている有害物質に気づいていないことも珍しくなかった。

　ソンガ・セービーは別館建設の提案要請書にFSC認証(★5)を受けた木材を使用することを盛り込んだが、入札予定の建設業者9社はそれが何なのかを知らなかった。彼らは取引先の製材会社にも聞いたが、製材会社もFSC認証木材については知らないことが分かった。最終的には、ある建設業者が調査のうえに認証を受けた森林から伐採された木材を供給することに同意したが、予算は1万USドル（約160万円）と跳ね上がってしまった。

　しかし、ソンガ・セービーはこの提案を飲んだ。マッツ・ファックによれば、この間のやり取りが建設業界に相当な影響を与えたため、その後、サプライヤーは競ってFSC認証材の供給を目指すようになったということだ。つまり、林業会社はFSC認証を受けた製品を増やさなければならないことにようやく気づき始めたわけである。

　次にマッツ・ファックは、ロビーなどに置く革製の家具を注文するにあたって、クロムとベジタブルオイル（植物性オイル）のどちらを使って皮をなめしているかを家具会社に尋ねた。皮をなめすためには通常クロムが使用されているが、これは有害である。家具会社は何が使われているのかを把握していなかったために、マッツ・ファックは調べるように指示した。その結果、案の定、皮なめしのための薬剤としてクロムが使用されていることが分かったため、彼

は家具会社に電話をして、「革は、クロムではなくベジタブルオイルで処理してくれ」と言った。それに対して家具会社の社長は、「それだと莫大なコストがかかってしまう」と答えたが、マッツ・ファックは多少値段が高くても購入することを伝えると同時に、無害のベジタブルオイルでなめした皮革家具を生産することで、ほかのどの会社にも提供できない製品を市場に供給することができると指摘した。いうまでもなく、取引は成立した。

グリーンな事業への転換がもたらす市場における強み

　ソンガ・セービーが別館の建設にあたって環境面において多大な配慮をしたことや、ホテルの運営そのものをより持続可能な方向に転換したことで経費は２割増しとなった。マッツ・ファックが CEO に就任した当初、会社は極度の財政的な苦境に陥っていたために、従業員の中にはこうした環境配慮への投資に懐疑的な者もいた。しかし今では、ソンガ・セービーはスウェーデンで最も利益を上げて成功したホテル・会議場の一つとなっている。これまで他の施設を使って会議や静養を予定していた多くの団体が、環境配慮を理由にソンガ・セービーに場所を変更するようになった。

　健康的で化学物質を使わず、アレルギー誘発物質ゼロの客室は、スウェーデン国内のアレルギー患者（アレルギーをもつ人は年々増加しており、スウェーデンの人口の約２割に上るという統計もある）の注目を集めてきた。スウェーデン・アレルギー協会のような団体が開催する会合は、今ではソンガ・セービーで開くことが多くなった。客室稼働率が高いこと、利用料が値上げできたこと、維持・稼動費が少なくて済むことなどから高額となった初期費用が減価償却されただけではなく、それ以上の結果を生んでいる。

　ソンガ・セービーは、グリーンな開発がいかにビジネスにとってもよいものであるかを示したことになる。(原注11)

★5　Forest Stewardship Council の略。持続可能な林業経営がされているかどうかを認証する第三者機関のこと。

小さなビジネスもグリーンな事業で成功する

　グリーンな事業で成功するのは大企業とはかぎらない。環境と健康に配慮した製品とサービスを求める消費者が増えてきたことによって、新たなビジネス・チャンスも生まれている。また、そうした環境ニッチマーケットに対応して中小企業も次々に誕生しているし、ボーレビィン製革所のように初めから環境配慮型の事業を展開しているところもある。ここでは、グリーンな事業で成功しているスウェーデン北部の三つの中小企業を紹介する。

ボーレビィン製革所──皮なめしは自然な方法で

> 「従来の革靴は不自然な合成物である」ウィリアム・マクドーノグ&ブランガー・マイケル (原注12)

　スウェーデン北部のピーテオコミューンには、3世代にわたって5000年以上前と同じ方法で皮なめしをしている家族経営のボーレビィン製革所がある。ここでは、トウヒの樹皮と水を混ぜたものを使って牛皮革をなめし、鞄や靴などの革製品をつくっている。ここでつくられる製品は、美しいだけでなく健康にもよく魅力的である。夫のヤンとともにボーレビィン製革所を経営するインゲル・サンドルンドによれば、昔、皮膚病を患う人々が製革所に来たあとには肌の調子がよくなったということだ。このインゲルが、この製革所の創始者の孫である。

　皮なめしをするときに樹皮と水を使うというやり方は、1920年に化学物質が普及し始めるまで工芸家たちが用いていた伝統的な方法である。インゲルは次のように言っている。

　「昔ながらのやり方が、エコロジカルな方法だとようやく分かってきたのだ」

　今日、世界中のほとんどすべての皮はクロムで加工されている。インゲルによると、このせいで多くの皮なめし職人が健康を害しており、いくつかの国で

は職人が製作過程でクロムの入った樽に足を直接入れているし、イタリアのフローレンス近郊では、製革所が飲料水だった地下水を地下150フィート（約46m）の深さまで汚染してしまった。そのうえ、人々が靴を廃棄するたびにクロムも廃棄されているということになる。(原注13)

ボーレビィン製革所は、5000年以上前から用いられている自然な工法で皮をなめしている。

皮なめしの自然な工法とは

　ボーレビィン製革所は、牛皮を地元の農家から1切れ1USドル（約116円）以下で購入している。皮なめし職人は、まずこの皮を保存のために塩漬けにする。25枚の皮を塩漬けにしたら、水が入った大きなドラム缶でゆっくり回転させ、1ヵ月かけて毛やほかの物質を取り除く。次に、この皮を水と樹皮が入った樽に浸して4ヵ月間置き、その間、毎日樽をかき混ぜる。この期間に樹皮の中にあるタンニン酸が作用して皮がなめされるわけだ。2ヵ月間浸して樹皮の中のタンニン酸が抜け出たら、樹皮を樽から取り出してコンポスト容器に移して新しい樹皮を樽に入れる。その後、別の樽に入れ替えて樹皮の色が革に移るようにする。そして最後に、皮は1ヵ月の間、棚に吊るされる。

　製革所では、ローテーションを組んでこれらの工程を行っているので、靴や鞄などをつくるための革は常に用意されている。製革所が年間に使うトウヒ樹皮はたった55ポンド（約25kg）ほどでしかない。定期的に水が追加されるが、樽の水は基本的に1918年からずっとそのままである。この皮なめしの全工程は、1,000平方フィート（約93㎡）もないほどの小さい作業場で行われている。

　ヤンとインゲルは1987年に製革所を継ぎ、今は2人の従業員を雇っている。1900年にインゲルの祖父が製革所を創業したとき、なめした皮は靴をつくるためだけに使われていた。現在のボーレビィン製革所は、書類鞄など200種類に

118　第5章　グリーンなビジネス、グリーンな建築

> ボーレビィンの美しくて身体にもよい皮革製品の需要は年々増えている。肌に直接触れるため、化学物質を使わず皮自体が呼吸している皮革製品を望む客が多いということだ。

わたる革製品を製作しており、その書類鞄には15年間の保証がついている。

健康にもよく、ビジネスにもよい

　この樹皮と水を用いた方法では、1年間に150から170枚の牛皮しかなめすことができない。これに対して、化学薬品を使う近代的な工場では年間に数十万枚の皮をなめすことができる。つまり、クロムを使えばたった24時間で皮をなめすことができるのだ。エコロジカルな皮なめしの工法では、大量生産はできないが、有害物質がゼロで皮そのものが呼吸しやすくなっている。このような質の高い革製品を欲しがる人が増え続けているのだ。

　インゲルによれば、自然工法でなめされた革の靴は、従来の化学薬品でなめされた革の靴よりも40～50USドル（約4,600円～5,800円）ほど高いが、最低でも20年はもつという。ちなみに、スウェーデンにはほかにベジタブルオイルで皮なめしをする製革所が2ヵ所ある。

　ボーレビィン製革所は、現在、ストックホルムのファッションの中心地に革製品の専門店を抱えて人気を博している。この事例から、昔ながらのエコロジカルな方法でビジネスをすることで経済的にも利益を上げられることが分かるであろう。[原注14]

ナチュール・ヴェルメ社——グリーンな家庭用暖房はよいビジネス

　パヤラコミューンにある小さなユノスアンド集落で、ある住民がスウェーデンの宝くじを当てた。宝くじを当てた場合、賞金をポケットに突っ込んで南洋諸島に向かう者が多いが、彼はそうではなかった。集落の体育教師を辞め、地

元でエコ事業を始めるためにそのお金を投資したのだ。「ナチュール・ヴェルメ社」と名付けられたこの会社は、家庭のエネルギー消費量を減らすために地熱を使った家庭用のヒートポンプを製造販売している。この家庭用ヒートポンプシステムの価格は約7,000USドル（約80万円）だ。ここの経営者によれば、これを2,100平方フィート（約640㎡）の家に取り付けた場合、3年から4年で元が取れるという。

　ナチュール・ヴェルメ社は、現在、スウェーデン国内のみならずノルウェーやフィンランドにもその販売網を拡大している。また、この会社は、将来組み立て工場で働いたり、販売員を目指す地元の若者をトレーニングするための教育センターも運営している。会社は、ゆくゆくはこの教育センターを拡大して、エネルギー教育を行う施設にする予定である。地元住民やビジネスで訪れた人たちは、この施設において太陽光パネルや下張りの床暖房の仕組みなど、家庭でのエネルギー消費量を減らす様々な再生可能エネルギーの技術を見ることができる。

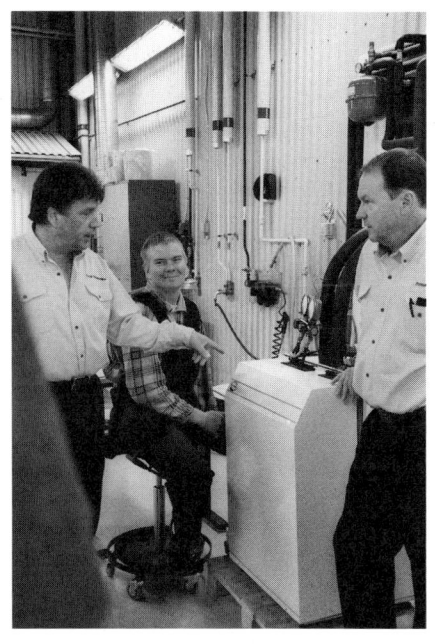

地元の労働者がナチュール・ヴェルメ社でヒートポンプを組み立てている。ヒートポンプは、家庭で使う熱量を削減する。

　ナチュール・ヴェルメ社は、現在、12人の地元の住民を雇っている。人口450人の集落の地域経済に与える影響は多大なものである。この会社は、パヤラとカーリックスの村々が、エコロジカルな地域活性化を実現する過程で花開いた多くのエコ事業の一つである。この二つの集落にあるエコロジカルな地域活性化については、第6章で詳しく述べる。

「Environmental Action Varmland」
——地域の環境ビジネスを応援する県

ストックホルムから150マイル（約240km）ほど西へ行ったところに、企業とコミューンがグリーンになることを応援しているレーン（県）がある。ノーベル賞の創始者であるアルフレッド・ノーベルの故郷、ヴェームランドレーンだ。持続可能なレーンになるための目標を定めているヴェームランドレーンのスローガンは、「市場経済を通じて持続可能な発展をする」ことだ。

レーンの持続可能な発展を実現させるための戦略の一つに「グリーンマーケット」と呼ばれるものがある。「グリーンマーケット」では、レーンが企業やNGOなどの団体を三つの方法で支援を行っている。その三つの方法とは、①環境配慮型製品を開発・購入・販売すること（グリーン購入）、②建設と事業活動におけるエネルギー効率を高めること、③持続可能な事業を行うこと、である。レーンはこれらの方法によって、どのように利益を上げることができるのか、またそれが世界的にいかに重要なことなのかを事業者に教育している。

ヴェームランドレーンはまた、対象事業者に対して、資材技術、マーケティング、環境マネジメント、特許、データベース検索、新製品と既存の製品のエコデザインなどに関する支援も行っている。そのうえ、ライフサイクル分析（第4章を参照）とはどんなもので、どのようにすれば商品設計に適用することができるのかについても事業者にアドバイスをしている。これら一連の取り組みにより、事業者は自社の製品に環境認証や環境ラベルを取得することができ、市場においてもメリットを獲得しつつある。

コミューンに入手できる環境配慮型製品について知らせ、それらのマーケットの成長を促すために、レーンは管轄区域のすべてのコミューンを対象にグリーン購入マニュアルを策定した。また、中小企業を対象に環境配慮型製

> 「環境活動が定着するためには、それが利益を生むものでなくてはならない」
> Environmental Action Varmland のフレデリック・ヨンソン（Fredrik Jonsson）

品の開発プログラムを企画し、トレーニングと技術支援のためのプログラムへの参加を呼びかけた。

　プログラムでは、まず最初に新世紀に向けた持続可能なビジネスについてのオリエンテーションを行い、次にレーンの職員がファシリテーターとなって、これらのビジネスが将来いかに持続可能なものになるかについてビジョンを描く手助けをした。さらにレーンは、ブレイン・ストーミング（自由討議）のセッションの中で出されたいくつかのアイデアも技術に詳しいコンサルタントに評価してもらうために、企業に対して助成金を出した。この一連のプログラムのおかげで、最初に参加した17の企業はエネルギーと資源の消費量を大幅に削減することができ、結果的にコストも削減できた。このプログラムに参加した企業は、リネンメーカー、ペンメーカー、ヒートポンプ会社、硬材加工会社、電池再生事業会社、電光板メーカーなどであった。

　また、ヴェームランドレーンはルンド大学と協力し、まったく新しい環境配慮型製品の開発を積極的に推進した。開発の基本条件は、問題解決を意識して製品設計を行うことであった。そして、レーンと大学のプロジェクトリーダーは、多くの製品開発者が、新製品のアイデアはもっているのに、その製品を開発すればどのような問題が解決されるのかを明確に認識していないことが多いということに気づいた。

　このプロジェクトでは、ファシリテーターがまず解決したいいくつかの問題を明らかにして３グループの製品開発者たちに提示した。製品開発者たちは、その後３週間にわたって、提示された問題を解決するためのアイデアを1,000件ほど出した。次にレーンと大学は、問題に悩む人たちとそれらを解決したいと思っている人たちとをうまく結び付ける方法がないかを調べた。そして、フォーラムを開催し、何らかの問題について悩んでいる企業や政策立案者と、解決策を提供したい製品開発者たちを引き合わせることにした。

　レーンの「グリーンマーケット戦略」は功を奏し、地元市場における効率のよい環境配慮型の電気機器の売り上げは計画が開始されてから３ヵ月間で25％も伸び、現在も順調に売り上げを伸ばしている。

　ヴェームランドレーンは、エコプロダクツのコンペティションも主催してい

る。複数の企業が、最も環境配慮に優れていると認定された製品のみを共同購入しているので、コンペで勝ち抜いた製品はこれらの企業から多量の注文を受けることができる。レーンはまた、断熱材を使っている企業と組んで環境配慮型の断熱材の仕様書を作成して公示の手続きを行い、最も環境配慮に優れた製品を提供するようにサプライヤーに要求するといった一連の作業をサポートした。これ以外にも、太陽熱暖房システムを受注するためのコンペも開催し、そこでは様々な家庭用の太陽エネルギーシステムの実演や試験運転が行われた。最も優れているとされたシステムは、適正に検査され、実演チェックも済んだ家庭用の暖房器具として売り出されている。

　ヴェームランドレーン当局、地域の商工会議所、スウェーデン地方自治体連合、民間企業のアルミ社は、「Environmental Action Värmland」というパートナーシップのネットワークを結成した。レーン先導のこの取り組みは、自治体連合と EU から助成金を受けている。(原注15)

　ヴェームランドレーンで環境ニッチをうまく見つけた企業に、デーゲフォーシュコミューンのペンキ屋がある（下の写真を参照）。この業者は、石油ではなく卵を原料とした家庭用の内装ペンキのシリーズを開発した。卵を原料としているこのペンキは揮発性有機化合物（VOCs）を含まないため、有害物質を排出する石油を原料としたペンキよりも安全であることはいうまでもない。(原注16)

　消費者の間で揮発性有機化合物を含まないペンキを使うことの重要性が認識されるにつれ、卵でつくられたペンキの市場も順調に成長している。このペンキ屋は、もともとは製粉所であった建物をデーゲフォーシュが経済開発プログ

安全で化学物質を使わない生活環境・労働環境を求める消費者の増え続ける需要にこたえ、このペンキ屋では石油ではなく卵を原料とした内装ペンキを販売している。

ラムの一環として買収して改造したものである。

デーゲフォーシュについては本書の第2章でも紹介しているので、詳しい情報はそちらを参照されたい。

◈ 廃れない建築方法 (原注17)

スウェーデン南部の高地にあるエークショコミューンには、スウェーデンの伝統的な建築技術を守ろうと活動をしているNPOである「クバナープ建造物保存センター(★6)」がある。ここは、歴史的建造物のより良い手入れの方法を示し、代々受け継がれてきた伝統的なスウェーデン建築を次世代に残すために、コミューンの支援を受けて1995年に設立された。

建造物保存センターでは、角材を用いた建築方法などの歴史的な木造建築技術に関する研修プログラムを提供している。現在、このような歴史的木造建築技術を体得している職人のほとんどは80歳代と高齢化が進んでいる。センターでは、昔ながらの建築技術を守って後世に伝えていくことで、若い職人たちが特に頑丈で安定し、寿命の長い建物を造る方法を受け継ぐことができるように支援している。また、センターの研修コースでは、近代的な建築技術と伝統的な建築・建設方法とを融合させたものも提供している。

建築を学ぶ学生と職人の

この伝統的なフェンスの造り方は、エークショの建造物保存センターが守っている多くの伝統的な建築技術の一つである。

★6 （Byggnadsvard Qvarnarp）エーケショコミューンが1995年に立ち上げた建造物保存センター。センターの建物は1811年建築された建造物で、1996年に改築。クバナープ建造物保存センターでは、古い建造物だけでなく新しい建造物も改築する際に必要な建材を販売している。

ための研修プログラムには理論と実践の両方が盛り込まれており、職歴30年の大工が高校生の隣で一緒に学んで作業をすることもある。研修プログラムは、建築技術を暗記して覚えることよりも実際に目でしっかりと見ることに重きを置いている。生徒たちは、昔ながらの方法と新しい方法のそれぞれ良いところを組み合わせるために、伝統的な建築方法と現代のニーズとのバランスをどう保てばよいかについても学んでいる。

　建造物保存センターのスローガンは、「未来の発展に向けて忘れられた過去を探そう（温故知新）」である。センター長は、「スウェーデンの建物の設計と建設の質が近年下がった」と言って嘆いている。彼は、歴史的建造物を保護することによって、現代建築のクオリティと環境配慮の両方を見直すことができ、またそれによって発展させられると信じている。そして彼は、古い文化の影響を受けた新しい建築方法が「安らぎの建築」としてトレンドになっていることに触れ、歴史的な方法がいかに持続可能な方法であるかを説明した。

　彼によれば、かつてスウェーデンでは、将来子どもたちが自分の家庭をもち、家を建てる時期が来たときに充分な木材があるようにと、親が家を建てる際には何本かの木を植えたという。

　建造物保存センターでは、故郷の伝統的な建築設計や建設技術の知識やスキルをもつ移民と協力して事業を進めたり、外国の建設業者とも協力し合ったりしている。例えば、角材を用いた建築方法の研修コースは、歴史的建造物が維持修復されることなく長い間にわたって放置されてきた国のロシアで開かれる予定である。センター長によれば、長い間の放置にも関わらず、ロシアの人々は歴史的建造物に誇りをもっている。ロシアの歴史的建造物を修復するためには、適切で近

この建物は、角材を用いたスウェーデンの伝統的な建築方法の実例である。

代的な手法と昔ながらの手法をうまく合体させなければならない。建造物保存センターによれば、ロシア人の建設業者に対して、角材を用いた建築方法などの伝統的建築工法と現代的な技術をどのように融合させるかを教える予定である。

> 「未来の発展に向けて忘れられた過去を探そう（温故知新）」
> 建造物保存センター、エークショコミューン

そのほか、建造物保存センターは、「ストックホルム王立建築大学（Royal Stockholm School of Architecture）とヨーテボリにある「シャルマー国立工科大学（The Chalmers National Technical School）」と協力して、伝統的な建築と設計、そしてその保存技術のコースを設けて学生たちに教えている。このコースの中には、300平方フィート（約28m²）の巨大な箱の中に食事、睡眠、風呂のための場所を設計し、自然の建築資材を用いて建設するという実習もあった。

建造物保存センターの場所は、18世紀にエークショ市長が所有していた歴史的なパラディオ様式(★7)の家にあり、そこには農場もついている。訪問者や学生は伝統的な様式の壁紙の展示を観察したり、伝統的な建築資材を取り扱う店舗で様々な資材を見たり購入したりすることができる。(原注18)

──────────────

★7　16世紀のイタリアの建築家アンドレア・パラディオ（Andrea Palladio）の古典主義建築様式を模範とした様式。18世紀にイギリスなどで流行した。

────────

（原注1）　Tedd Saunders and Loretta McGovern, *The Bottom Line of Green is Black : Strategies for Creating Profitable and Environmentally Sound Businesses*, Harper, 1993.

（原注2）　Ray Anderson, *Mid-Course Correction,* Peregrinzilla Press, 1998（レイ・アンダーソン／河田裕子訳『パワー・オブ・ワン：ひとりの力：次なる産業革命への7つの挑戦』海象社、2002年、p.16）

（原注3）　Brian Nattrass and Mary Altomare, *The Natural Step for Business,* New So-

126　第5章　グリーンなビジネス、グリーンな建築

ciety Publishers, 1999.
（原注4）　ポリ塩化ビニル（PVC）の害については、*Public Health Statement for Vinyl Chloride,* CAS#75-01-4, Agency for Toxic Substances and Disease Registry, U.S. Department of Health and Human Services, September, 1997. <www.atsdr.cdc.gov/toxprofiles/phs 20.html>を参照。ワイヤーとケーブルの被覆材に使われるハロゲンとPVCの危険性に関しては、Environmental, Health, and Safety Issues in the Coated Wire and Cable Industry, prepared by Greiner Environmental, Inc., for the Massachusetts Toxics Use Reduction Institute, University of Lowell, April 2002. <www.turi.org/PDF/Wire_Cable_TechReport.pdf>を参照。
（原注5）　「揮発性有機化合物（VOCs）」とは、炭素および水素、酸素、フッ素、塩素、臭素、硫黄、窒素などの元素を様々な比率で含有する物質で、常温で揮発しやすい。揮発性有機化合物の多くが、一般的に溶剤（塗料用シンナー、ラッカー・シンナー、油性洗浄剤、ドライクリーニング液）として使用されている」（出典：Agency for Toxic Substances and Disease Registry, U.S. Department of Health and Human Services. <www.atsdr.cdc.gov/glossary.html>）
（原注6）　クロロフルオロカーボン（フロン、CFCs）はオゾン層を破壊する物質で、冷却剤や溶剤として使用されている。フロンに関する情報は、Joe Thornton, *Pandora's Poison,* MIT, 2000, pp. 301-305, 341 を参照。
（原注7）　ISO14001は、国際的に承認された環境マネジメント規格で、スイスのジュネーブに本部を置く140ヵ国のネットワークである国際標準化機構（ISO）によって運営されている。ISO14000シリーズは、1992年にリオデジャネイロで開催された国連環境開発会議（リオ・サミット）で提唱された持続可能な発展をサポートするために開発された。詳しくは、<http://www.iso.ch/iso/en/ISOOnline.frontpage>を参照。
（原注8）　Bill Ford, Jr., Ford Motor Company. <www.ford.com/en/ourCompany/environmentalInitiatives/cleanerManufacturing/rougeTurningAMonument.htm>
（原注9）　グリーンゾーンに関する情報については以下を参考にした。
　　①ウメオのカールステッド社代表取締役 Ola Borgernäs 氏による2001年8月13日の談話。
　　②Carstedts, *A Road to Sustainability,* Sundvall, 2000.この文献は、以下から入手可能。Carstedt's, Överstevägen 1, Umea, Sweden。また、ウェブサイト<www.greenzone.nu>も参照。
（原注10）　ISO, <http://www.iso.ch/iso/en/ISOOnline.frontpage>

(原注11)　CEO の Mats　Fack による2001年8月12日 Sånga-Säby での談話。<www.sanga-saby.se>も参照。

(原注12)　William McDonough and Michael Braungart, *Cradle to Cradle : Remarking the Way We Make Things Work*, North Point Press, 2002, p.99.

(原注13)　クロムとその有害性については、*Chromium Toxicity, Case Studies in Environmental Medicine,* Course SS 3048, Agency for Toxic Substances and Disease Registry (ATSDR), U.S. Dept. of Health and Human Services, October, 1992、2000年7月改訂版<www.atsdr.cdc.gov/HEC/CSEM/chromium/>を参照。

(原注14)　2001年8月14日、ビーテオコミューンのオーレビィン製革所の共同経営者であるインゲル・サンドルンド氏による談話。<www.bolebyn-tannery.se>も参照。

(原注15)　ヴェームランドのプログラムに関する情報は、2001年8月7日のデーゲフォーシュの Environmental　Action　Värmland の Anders　Olsson 氏と Jonas Lagneryd 氏による談話による。

(原注16)　ATDSR の"Volatile Organic Compounds"巻末の注5を参照。

(原注17)　Christopher Alexander, *The Timeless Way of Building,* Oxford University Press, 1979.(クリストファー・アレグザンダー／平田幹那訳『時を超えた建設の道』鹿島出版会、1993年) のタイトルより引用。

(原注18)　エークショの建造物保存センターに関する情報は、センター長である Bertil Friden 氏の2001年8月10日におけるエークショでの談話より。<www.eksjo.se>参照。

第6章
自給自足への道のり──
エコロジカルで経済的なコミュニティ発展

> 持続可能な社会では、人々が自らの基本的ニーズを満たそうとする行動を妨げる状況を作り出してはならない
>
> （ナチュラル・ステップのフレームワーク「システム条件4」より）

◆ なぜ、自給自足が重要なのか

　小さな村であろうと、中規模の町や都市、地域であろうと、コミュニティが持続可能であるためには自給自足することが重要である。コミュニティが長期間にわたって良い状態で機能するためには、食べ物や水、手ごろな住居、仕事や生活の糧、モノやサービス、エネルギー、移動手段などにおいて住民のニーズにこたえられることが重要となる。

　仮に、コミュニティが上に挙げたようなニーズについて一つもこたえられなかったとしたらどうなるのだろうか。例えば、水の供給ができなくなったらどうなるか。遠くから水を運び込むことになるだろうし、そのために代金を支払う必要が出てくる。また、コミュニティは水供給業者と供給システムに依存することになり、業者の要請や供給システムの安全性とその運用状態、そして業者による価格設定などの影響を受けやすくなる。コミュニティが自給自足できず、住民が基本的なニーズを満たすことができない場合、その分だけ「漏斗の

壁」（7ページを参照）にぶつかりやすくなる。また、食料、エネルギー、水などの基本的なモノやサービスの供給が立ちゆかなくなれば、直ちにそのコミュニティに住む一般世帯や企業、公共施設も日常生活や活動ができなくなる。アメリカという恵まれた国に住んでいる人々には想像もできないかもしれないが、2001年にカリフォルニアで起きたエネルギー危機(★1)のことを思い出せば少しは理解できるだろう。

　雇用促進や企業活動、そして商業といった地域経済においても、やはり自給自足は重要だ。地域内で仕事や生活の糧を見つけられない場合、いったいどのようなことが起こるだろうか。住民が仕事を探しに他の都市へ去ってしまえば、地域の労働力は減少し、購買力は減退し、税基盤が弱まって人口も減ることになる。そして、住民がコミュニティの外に通勤すれば交通渋滞とスプロール現象の悪化につながることにもなる。仮に住民がコミュニティに残っても、仕事がなければ食べることや住居にも困ることになるかもしれない。

　遠くから企業が進出してきた場合も、前述したケースほど極端でないとしても同じような現象が見られるかもしれない。この場合、確かに雇用は創出されて給料も払われ、事業収入も増えるわけだが、問題は、これらのお金が最終的にどこへ流れていくのかということだ。その地域に住む人々ではなく地域外の人々が雇われることも多いだろうし、そもそも企業は従業員を連れて進出してくるかもしれないし、地域外から通勤してくる人を雇う可能性もある。つまり、支払われる給料がその地域で使われるとはかぎらないのだ。また、企業の本拠地がコミュニティの外にある場合は、この地域で生じた収益も本社に流出してしまって地域経済を支えるということがないかもしれない。

　こうした状況では、コミュニティは危機に晒されることになる。例えば、少数の大企業が地域産業を独占している場合を考えてみれば分かりやすいだろう。もし、そうした企業がもっと条件の良い地域へ移転してしまったらどうなるだろうか。従業員は失業し、関連する地元の企業は収益を上げることができなくなり、地域の税基盤は大幅に弱くなってしまう。そして、こうした影響から膨

★1　2001年に北と南カリフォルニアで電力不足が起き、大規模な停電が起きた。

大な金銭的損失を被ることになるわけだ。少数の大企業に依存したコミュニティがいかに脆いものかが分かるだろう。

しかし、だからといって、コミュニティが隣接する地域や都市から完全に分離して経済・社会的に孤立すべきだというわけではない。そんなシナリオは、現実的でも理想的でも決してない。ただ、コミュニティが食料や水、手頃な価格の住居、エネルギー、生活の糧、移動手段やそのほかの重要なモノやサービスを充分に自給している場合は、仮にほかの地域で自分たちがコントロールできないような危機が生じてもそれほど被害を受けずに済むということだ。

持続可能なコミュニティのもう一つの側面は、本章の冒頭で挙げた持続可能性の基本方針に示されている。つまり、すべての人に対する公平さということだ。基本的な人権が保障されない人や、人間の基本的ニーズを満たすことができない人が少しでもいるなら、その地域社会は持続可能ではあり得ない。これは、倫理的な意味だけでなく機能的な意味においてもいえることだ。特定の人々から人間の基本的ニーズを満たす手段と権利を奪えば、コミュニティは環境を保護したり、社会の安定性を確保したりできなくなるかもしれない。

2001年9月11日以降の世界情勢は上述した原則を証明している。1968年4月、マーティン・ルーサー・キング牧師(★2)が暗殺されたあとにアメリカで起きた暴動もそうした事例だ。

以下では、まずスウェーデン北部のカーリックス(コミューンにある集落)とカンゴス集落における自給への道のりを学び、コミュニティがどうすれば持続可能な社会へと転換することができるのかを探りたい。次に、スウェーデン北部のサーミの事例から、先住民がどのように自らの基本的人権や経済権、そして文化を守ることに取り組んでいるのか、またそれを自治体がどのようにサポートしているのかを紹介したい。

🧭 力を合わせて──カーリックスの集落

　カーリックスコミューンにある18の集落は、北極圏直下のスウェーデン北部の、労働や商業の中心から遠く離れたところにある。18の集落の人口は合計350人にすぎず、コミューンの全域には1万8,000人が住んでいるが、ほとんどの住民は集落から約15マイル（約24km）離れた市街地とその周辺に住んでいる。

　ここの面積は700平方マイル（約1,100km²）弱と、ストックホルムとほぼ同じ広さだ。スウェーデンで生産されている最良の原料の一つである、ゆっくりと成長する松の森が有名で、当然ながら木材加工と製材技術が重要な産業となっている。また、カーリックスは電子・機械・通信事業の中心地にもなっており、そうした企業のほとんどは市街地かその周辺に立地している。

　カーリックスの市街地が1970年代から1980年代にかけて経済成長を続けている間に、周辺の集落の若者は給料のよい職を求めて市街地やほかの都市へと移り住んで人口の減少が続いた。そして、残された住民は職や家族を養う手段を見つけることが難しくなった。地元に唯一残った店は閉店の危機に直面しており、学校の生徒数も激減した。コミューンは、集落に残る唯一の学校の閉鎖を検討していた。この当時、集落の将来はまったくといって暗いものだった。

長い道のりへの第一歩

　1990年代後半、地域を活性化したいという思いから18のすべての集落の住民が集い、環境にも配慮した形で経済・社会的な自給率を上げる方法を模索することになった。まず、現況と打開策を議論する会議を開くことになり、参加を呼びかけるビラが全住民に対して配られた。この会議では、すべての村が結束すればより多くのことが成し遂げられるだろうということが分かった。会議後

★2　Martin Luther King。(1929〜1968) 黒人の人権、市民の人権のために活動した。35歳でノーベル平和賞を受賞した。1968年に暗殺される。

すぐに、集落の人々は「オーブレ・ビュグド（Övre Bygd）」という組織をつくり、資金を調達して集落から1人の住民を雇うことにした。

様々な成果

集落の有志が集まって、すでに閉店していた雑貨店を復活させようということになった。小グループに分かれて新しい案を考えて、その後アイデアを持ち寄ってみんなで議論した。その結果、オーブレ・ビュグドでは自ら資金調達をするとともに政府に補助金を申請して、そのお金で閉店していた雑貨店を買い取り、そこで協同組合方式の事業を運営しようということになった。

その店は、今では18の集落すべての社会、経済、そしてコミューンに関する情報センターとなっている。店は、ショッピング・センターであり、燃料供給所であり、テレコミュニケーション・センターでもある。住民はいつでも好きなときにそこに来て、コンピューターやインターネット、ファックスを使うことができる。そこでピザを買って電子レンジで温め、コーヒーを手にしながらロビーでくつろぐこともできる。新聞も読めるし、カーリックス図書館から巡回してくる本を読むこともできる。

店内の従業員は、オーブレ・ビュグドが住民の中から雇っている。店で働く有給の従業員を雇うこととボランティアを募ることの間には、バランスがとられている。「有給の従業員の数が多すぎるとボランティアの意欲を削ぐ」と、協会の会長は言う。また、18の集落

オーブレ・ビュグドの代表は、雑貨店の絵に描かれているカーリックスの集落を指し示す。

にはそれぞれ独自の意見があり、それらを調整するのも難しいようだ。

集落が高齢者に提供するサービスの方針も固まりつつあった。高齢者が自宅でずっと暮らし続けられるようにと、住民のグループが共同でサービスを始めたのだ。高齢者がコミュニティ内に留まれば、集落は財政的に助かることにもなる。

オーブレ・ビュグドが運営しているこの雑貨店は、18の集落の経済・社会・文化の中心地となっている

高齢者へのサービスには、庭の草刈りや買い物も含まれている。オーブレ・ビュグドはコミューンと契約を結び、コミューンに代わって高齢者にサービスを提供してその対価をコミューンから受け取っている（スウェーデンでは、コミューンが高齢者の医療を保障している）。

高齢者にサービスを提供するためにも住民が雇われた。お年寄りが店に電話をして食料品や日用雑貨を注文すれば、雇われた担当者が家まで届けてくれるというものだ。ただし、お年寄りが店から半マイル以上離れたところに住んでいる場合は、小額のサービス料をもらうことになっている。

もう一つ、集落の人口が減少して困ることは、廃棄物の回収業者が確保できなくなる恐れがあったことだ。回収業者によれば、リサイクルボックスに行っても空であることがよくあり、村を定期的に循環するだけのコストを回収できないということだった。廃棄物が回収されなくなれば、18の集落の住民は缶やビン、ガラスや紙などを15マイル（約24km）も離れたカーリックスの中心街まで自ら車で運ばなければならなくなる。いうまでもなく、これは時間と燃料の無駄となる。

この問題について、住民の有志が集まって解決策を話し合った。話し合いの

134　第6章　自給自足への道のり——エコロジカルで経済的なコミュニティ発展

カーリックスの集落の住民は、この旧駅舎を修復して企業に貸し出し、村の雇用を創出しようとしている

結果、リサイクル業者に対してコスト効率の良い方法を提案することにした。その方法とは、オーブレ・ビュグドが18の村に代わって店にリサイクルセンターを設置し、リサイクルボックスがいっぱいになった時点で業者を呼ぶというものだった。この方法であれば、オーブレ・ビュグドはリサイクルの対価を受け取れない代わりに廃棄物の処理費用を払う必要もない。

> 身近な行動と地球環境との関係を理解すると、集落の住民たちは自ら行動を始めた。

　住民は、身近な行動と地球環境との関係や「持続可能性」の意味を理解するにつれて、こうした活動にさらに関心をもつようになった。そして、リサイクル担当者は、住民にガラスや金属、紙などをどこへ置けばいいのかを説明するだけでは不充分だと判断し、人間がほんの短い間に地球に対してどれほどの負荷を与えてきたのか、またその負荷を軽減するのになぜリサイクル活動が重要なのかも説明して住民の理解を深めた。住民の理解が深まるにつれ、当然のことながらリサイクル率も跳ね上がった。

　集落全体でより多くの仕事を生み出すためにオーブレ・ビュグドは、旧駅舎を購入して修復することにした。というのも、これを企業に貸して5、6人は雇ってもらおうと考えたのである。350人の集落では、5、6人の雇用は大きな経済効果をもつ。このほかオーブレ・ビュグドは、テレ・コミュニケーションを通じて遠距離で仕事ができないかも検討している。(原注1)

シークネス集落のエコ教会

　カーリックス南部にあるシークネスでは、175人の住民が集まって、集落を持続可能な方向にどのようにして変えるかを話し合っていた。この話し合いでは、集落の教会のことに話題が集中した。荒廃したままの教会だったが、修繕する資金もなかった。そこで住民たちは、持続可能な未来へのプロジェクトの一環として教会を修繕することに決めた。まずは、教会の本部と地元のスポーツ振興会、そしてシークネスの未来を考える会である「シークネス・フラムティド（Siknäs Framtid）」という団体に話をもちかけた。資金調達のために、以前集落に住んでいた人たちにも教会修繕のための支援を呼びかけた。次に、レーン（県）の補助金を得て職業訓練プログラムを立ち上げ、大工に対して環境共生の建築技術を教えた。また、修繕にはできるかぎりリサイクルされた材料を使うこことにした。

　住民たちは教会修繕に5,000時間以上もボランティアとして働き、推計20万USドル（約2,320万円）はかかると見られていたプロジェクトを約12万5,000USドル（約1,450万円）で完成させてしまった。そして、2000年の1月1日、教会の再開を祝って盛大なコースディナーを110人の参加者に提供した。住民は、2001年の夏の終わりまでに、このプロジェクトの主な負債額を約1万3,000USドル（約150万円）にまで減らすことができた。

カンゴス集落におけるエコロジカルな復興
──「協力することは報われる」

　カンゴス集落は、北極圏から北に約100マイル（約160km）、スウェーデン北東部のパヤラコミューンにある人口330人（140世帯）の小さな集落である。カンゴス集落のローテク太陽エネルギープロジェクトは第2章（51ページ）で紹介したので、ここではそのほかのことについて紹介したい。

　パヤラコミューンは、ストックホルムから飛行機で北に2時間ほど飛んだ、スウェーデンとフィンランドの国境近くに位置している。多言語コミュニティ

で、ここではスウェーデン語、フィンランド語、サーミ語が話されている。かつては鉄鋼業で知られた地域だが、今ではその美しい川や森、そして山々が観光客や釣り人、ハンターたちを魅了している。冬は「オーロラ祭」、夏は世界一長いフィッシング・コンテストとして知られる「サケ祭」や「カワヒメマスの日」に参加するために多くの人々がここにやって来る。そして、秋には芸術・文化のお祭りがいろいろと催され、さらに多くの人々が訪れることになる。

カンゴス集落は、カーリックスの集落と同じように、人口が集中して雇用も多いコミューンの中心地からは約40マイル（約64km）も離れた場所に位置している。カーリックスの集落と同様、住民たちは未来に明るい見通しをもっていなかった。若者は都市部での生活と仕事を求めて集落を去り、残された人々に仕事はなく、学校の生徒数も減少し続けた。カーリックスと同じように、コミューンは集落の学校と郵便局を閉鎖しようとしていた。

初めの一歩

しかし、同時に住民たちは、持続可能な発展とは何か、また集落はどのようにすれば持続可能な方向へ向かうことができるかを話し合うためにグループに分かれて議論を始めていた。1992年に開催されたリオ・デ・ジャネイロの地球サミットに触発された2人の住民がこうしたグループでの話し合いを提案して取り組み始めたわけだが、この話し合いは1990年代を通じて続けられた。(原注2) そしてここでは、省資源、リサイクル率の向上、再生可能エネルギーへの転換の方法などが話し合われた。

> 誰が私たちの未来を決めるのか

各グループは地元企業と協力し合いながら、これらの環境に関する目標とレーン（県）の経済・社会的自給率を上げるという目標に取り組み始めた。「誰が私たちの未来を決めるのか」がスローガンとなって、1990年代後半に本格的な計画へと発展して、やがて集落の将来を新しい方向へ導くことになった。

カンゴスの集落は EU の助成金を受けて、「もうひとつの未来プロジェクト

(alternative futures projects)」に参加し、大学やコミューンの持続可能な発展の指導者として知られているトルビョーン・ラーティ氏がこれを支援することになった。

カンゴス集落がこのプロジェクトに参加する目的はほかでもない。ヨーロッパで、最初に環境面、経済面、社会面のすべてにおいて持続可能な集落になることである。

プロジェクトの成果

今日、たった140世帯の小さなコミュニティであるのに関わらず、カンゴス集村では40社から50社もの企業が事業活動を展開しており、繁栄を続けている。地元の学校には、第1学年から第9学年まで合わせて60人もの子どもたちが通っているし、集落には、雑貨屋、保育園、介護施設、診療所、民俗資料館、教会などが立ち並んでいる。また、隣のユノスアンドの集落から新しく道路を引いたので、これからは商取引やビジネス・チャンスが確実に増えていくだろう。

カンゴス集落の住民は、2,000件にも上る目的・目標を挙げた集落の持続可能な発展計画をまとめた。この計画のモットーは「協力は報われる」である。レーン（県）当局の担当官はこの小さなカンゴス集落で起きていることに注目し、ここを「2001年のノルボッテンレーンの最優秀集落」にも選んでいる。

過去10年以上もの間、住民たちは持続可能な発展計画を実施するために数々の注目に値するプロジェクトを立ち上げてきた。その結果、ここの集落は今まで以上に環境・経済・社会的な面において持続可能なコミュニティに近づいてきた。以下では、そのプロジェクトのいくつかを紹介しよう。

①**すべての世代のための多目的ハウスの建設**——1994年に完成したこのハウスを建てるために、村民たちはボランティアで17,000時間も働いた。ハウスには介護施設と青少年の遊び場が設置されているために、お年寄りが若い人たちのイベントやゲームを見たり参加したりできる一方で、若い人たちのほうはお年寄りたちと知り合うことができて彼らの存在をありがたく思うようになった。村はこのハウスの建築のために80万US

この学校は生徒数の減少から閉鎖されそうになったが、現在はカンゴス集落の住民たちが立派に運営している

ドル（約9,300万円）以上の資金を借りたが、実際には当初予算より12万5,000USドル（約1,500万円）も安く建築することができた。

②**文化・環境スクールの創設**——行政職員がカンゴスの集落で唯一の学校を閉鎖しようとしたとき、住民たちは学校を救おうと結集した。公的資金を得て学校を再組織し、カリキュラムを構築・運用し、教師を雇って自分たちで学校を運営した。そして、1993年、新しい学校が開校した。授業には環境に関する学習や実践を取り入れたほか、いまや学校は村で行われる演劇などの文化的行事の中心地となっている。

住民はまた、学校の建物のメンテナンスも受け持っている。2000年に校舎の屋根を取り替えなければならなくなったときは、見積りで4万USドル（約460万円）とされていた費用を、お金を出し合って住民たち自らが屋根の取り付けをしたことで2万5,000USドル（約290万円）にまで抑えることができた。カンゴス集落の環境スクールとカリキュラムについては、第7章で詳しく紹介したい。

③**職業訓練の整備**——カンゴス集落は、ヒートポンプ・太陽エネルギー業界で働くための訓練を施す職業訓練センターを運営している。地元のホテルやレクリエーション・センターをエネルギーの実証実験センターに変え、一般住宅の家主や学校・企業に対して化石燃料の使用を抑えながら熱や電力を得る方法を示すという計画もある。

④**畜産業の育成**——カンゴス集落の住民は、1999年頃、自給率向上のために共同で家畜を飼うことにした。実は、このアイデアは集落の子どもたちの植物栽培から始まったもので、植物を育てたあとには動物を育てるのが自然な流れだと思われたのだ。全住民を対象に羊の飼育に参加した

い人の数を調査すると、10家族が「参加したい」と答えた。集落の協同組合では2000年の秋に雌羊を12頭購入したが、これは2001年の夏には30頭に増えた。冬にはある家族がその群れの世話をし、夏の間はそれ以外の家族が家畜の面倒をみた。子どもたちは羊の毛をすき、温かい靴の中敷きをつくって売っているわけだが、その過程でビジネスのやり方を学んだ。

　このプロジェクトのもう一つの目的は、子どもたちと動物を改めて引き合わせ、生命の循環や動物を敬う心を養うことである。協同組合は絶滅に瀕した種類の羊を飼っているので種の保護にも役立っているし、羊を飼うことで村の広い平原を維持することもできている。このプロジェクトの成功から、カンゴス集落やレーン（県）当局、そしてそのほかの集落は、地元の企業育成やコミュニティの自給率の向上が本当に可能なのだということが分かった。

⑤**地元漁業の支援**――カンゴス集落の住民にとって、漁業は地域の食糧生産の重要な要素となる。そこで、同集落はエコロジカルな漁業管理の長期計画を立てた。これは、特定の湖に生息する魚の種類と数を調査し、生態系に配慮しながら釣り客のために魚の交配をするというものだ。カンゴスでは、毎年7月に「サケ祭」が開催されている。

⑥**廃棄物の削減とリサイクル率の向上**――2001年晩春、住民たちは家庭ゴミを減らし、新しいリサイクル方法を探るプロジェクトを立ち上げた。住民たちは、フィンランド、ノルウェー、スコットランドの同じテーマに取り組んでいるグループとつながりがあった。住民たちは地域でリサイクルに関する専門家を育成するとともに、人間の排泄物を安全な方法で肥料に変え、下水を再利用するためのグループを組織した。

⑦**郵便サービスの存続**――コミューンの職員は、施設運営の費用効率の悪化を理由にカンゴス集落の郵便局の閉鎖を示唆していた。住民たちは行政職員に働きかけ、村の雑貨店に郵便ポストを置いて郵便業務もそこで提供することを提案した。行政職員は提案に同意し、カンゴス集落の140世帯はこれまで通り郵便サービスを受けられることになった。

第 6 章　自給自足への道のり――エコロジカルで経済的なコミュニティ発展

✧ 自給率とアイデンティティを守る――サーミの人々による旅

　北極圏の北部、パヤラコミューンのスッキシバーラの夏季キャンプ地では、約100人（11世帯）のサーミがトナカイを飼っている。「ムオニオ・サーミ（Muonio Sámi）・コミュニティ」と呼ばれるこの一団がティピー（tepees）という布や皮、そして木でできたテントの中で寝起きをしたり料理をして暮らす傍らで、トナカイたちがハーブや寒さに強い草を探し回っている。「こうした自然のエサが、トナカイの健康と肉の質を決めるうえで非常に大事だ」と、あるサーミは言っていた。

　彼は、どうしても必要なとき以外は加工した餌は与えないという。冬になると、サーミはトナカイを少し離れた森林地帯へと導いていく。トナカイにとっては、氷に覆われて硬く押し固められたツンドラの雪よりも、森の木々の下にある柔らかい雪のほうがエサの地衣類を求めて土を掘るのが簡単だからだ。夏から冬にかけて、餌が得られる場所にトナカイを移動できるかどうかということは、自らの生存にとって、ひいてはサーミの生活様式にとって非常に重要な

夏、餌が得られる場所でトナカイを飼っている間、サーミは「ティピー」と呼ばれる木製のテントで生活している。

自給率とアイデンティティを守る　141

サーミの女性が、ティピーの中でトナカイ肉と平たいパンを調理している。

ことである。トナカイの肉はサーミの主食であり、皮からは彼らが身に着ける衣類、靴、ブーツなどをつくっているからだ。

　この一団は、食肉処理場や革製品の製造、トナカイの角を利用した工芸品の製造、そして角の輸出など、トナカイを核とした事業を営んでいる。ちなみに、トナカイの角は日本や他の極東諸国へと輸出され、その先では細かく砕かれて漢方薬として利用されている。

　北部スウェーデン、ノルウェー、フィンランド、ロシアの先住民であるサーミは、西ヨーロッパ最後の先住民ともいわれている。彼らは、有史以前にこれらの国々の北部に居住してきた。現在、スウェーデン人とそのほかの西洋人からは「ラップランド」と呼ばれ、サーミ自らは「ソープミ（Sapmi）」と呼んでいる地域である。総計約62,000人のサーミが今もこの地域に住んでおり、スウェーデンに住んでいる2万人のサーミもその4分の3が北部に住んでいる。岩窟壁画、墓穴、トナカイの落とし穴などから、サーミ文化と彼らのトナカイを中心とした生活が6000年前から続いていることが分かっている。(原注3)

　彼らは独自の言語であるサーミ語を話すが、これは現在、彼らが住む国々の言語とはまったく異なる言語体系に属している。しかし、歴史を振り返ってみ

★3　菌類と藻類が共生した茎、葉のない植物。

いまや半分家畜化しているトナカイは、サーミの経済・社会・文化的生活の中心的な存在となっている。

ると、1800年代後半から1950年代まではスウェーデンの学校ではサーミ語を教えることも話すことも禁止され、サーミの子どもたちはスウェーデン語のみを話すように指導されていた。これが理由で、サーミ語は伝統文化とともに消滅の危機にさらされている。

サーミのトナカイ畜産は、これまで常に環境に優しく持続可能なものだった。目に入るものすべてを食べ尽くす牛とは異なり、トナカイは森林やツンドラに生える特定の地衣類や植物のみを食べている。それにトナカイとサーミは、すでにタイガ北部の生態系の一部となっているのだ。タイガ北部は「北方林地域」とも呼ばれ、かつてはロシアからフィンランド、スウェーデン、ノルウェーをまたいでスコットランド高地にまで広がっていた。(★4)

トナカイ畜産は、サーミの社会・経済生活とは切っても切れない関係にあるのだが、二つの要因に脅かされている。

第一に、スウェーデンの主要な産業の一つである林業は北部に拠点がある。この林業においては、必ずしも持続可能な森林管理が行われているわけではない。時には、数十年にわたって森林の生態系を変えてしまうような皆伐(かいばつ)をすることもある。森林の地面の一部である植物や地衣類はトナカイたちの主食となっているわけだが、一度食べてしまうと再び育つまでに70年から100年の歳月

を必要とする。例えば、地衣類などは1年に1ミリから1.5ミリしか大きくならない。

大きな製材会社や森林組合はサーミに森林でトナカイを牧畜・飼育させることを希望しているが、小規模な民間の森林所有者の間では、この伝統的な習慣への反発が拡がっている。そして、小規模な地主たちは、今ではスウェーデンの森林の約50%を所有している。(原注4) それが理由で、国レベルでも地方レベルでも、行政は二つの対立する利害を調整することを迫られている。重要な基幹産業である林業を支援する一方で、森林の生態系を守り、サーミがトナカイ畜産を継続して行えるようにしなければならないのだ。

二つ目の要因は、トナカイを襲う動物たちの問題である。スウェーデンの中央政府もEUも、クマやオオカミ、ワシ、クズリ(★5)、オオヤマネコなどの動物を絶滅危惧種として保護する政策を打ち出している。ところが、これらの動物はすべてトナカイを食べる捕食動物なのだ。サーミは、これらの動物は絶滅に瀕してはいないと考えて保護政策に反対をしている。それどころか、トナカイを守るためにはこれらの捕食動物をもっと殺すべきだと訴えている。

トナカイ1頭の肉の市場価格は約300USドル（約35,000円）だが、トナカイが捕食動物に殺された場合に政府が支払う補償金は約40USドル（約4,600円）にしかならない。トナカイの数はスウェーデン全体で約23万頭で、政府は冬ごとにトナカイの10%が殺されていると推計しているが、サーミのほうでは3万頭近くのトナカイが捕食動物に殺されていると考えている。これに加えて、毎年2,000頭から3,000頭のトナカイが自動車や列車に轢き殺されている。このようなことから、過去10年の間に、スウェーデン北部に住むトナカイの数は着実に減っている。(原注5)

サーミの人々は、捕食動物を抹殺したいわけでは決してなく、捕食動物の保護と生活の糧であるトナカイの畜産とのバランスをとる必要があると考えているのだ。

ヨックモックやイエリヴァーレなどのコミューンは、サーミと協力して、彼

★4　taiga。北方針葉樹林帯で永久凍土に覆われていて夏に表面が溶けて植物に水分を供給している。
★5　北米産イタチ科の大型肉食獣で、気の荒いことで知られる。

らの工芸品やトナカイ関連産業を推進し、トナカイの牧畜や貿易を続けながら共同で土地を守る方法を模索している。ヨックモックは、サーミによる市場が3日間にわたって開かれる冬祭りをサポートしている。祭りの目玉となっているのはサーミの文化や伝統、芸術、民芸品や音楽の紹介で、トナカイレース、トナカイタクシー、トナカイの珍味なども呼び物となっている。1974年ごろの冬祭りへの参加者は約1万人だったが、今日では3万人にまで膨れ上がった。

　ヨックモックとイエリヴァーレの両コミューンは国連主導のプログラムに参加しており、「ラポニア」と呼ばれるスウェーデン北部の地域の生態系と文化を保全しようとしている。そして、1000年もの歴史をもつサーミ文化は、このプログラムの主要課題ともなっている。この地域で生計を支えるトナカイの畜産は、生態系が破壊されやすい地域でさえ長期間にわたる経済活動が可能だということを示している。

　またコミューンは、サーミと共同で、自然とサーミの伝統の両方を尊重するエコツーリズムの可能性についても検討しているし、国内外に対して、教育を通じてサーミの文化や伝統に対する意識を高めるように促している。

　ヘリエダーレンコミューンでは、コミューンの総合計画（マスタープラン）の準備プロセスを利用して、観光、トナカイの畜産経済、農業、林業と景観の保護などの関連する問題に持続可能な方法で対応することを検討した。ヘリエダーレンは、サーミやほかの利害関係者とともにスノースクーター用の道を整備し、騒音のない地域をつくり、土壌侵食を予防して、観光業、トナカイ経済、農業、林業において雇用創出する方法を模索している。

　これ以外にも、ヘリエダーレンやそのほかのコミューンは、都市のマスタープランづくりのプロセスを通じて、スウェーデンの山岳地域における様々な（しばしば相反する利害関係者の間の）議論を活発化させようとしている。これは、「フィエル・アジェンダ（Fjäll　Agenda）」つまり「マウンテン・アジェンダ（山岳地域の議題）」と呼ばれている地域のイニチアチブの一環である。このイニチアチブの中では、コミューンの職員、サーミ、林農業の代表者、猟師、地主が協力して、環境意識を向上しながら地域経済を発展させるような方法を模索している。

エコロジカルで経済的な自給への旅——私たちが学べること

地域の潜在力を再発見する

　オーバートーネオやカンゴス集落、そしてカーリックスの集落の例からまず分かることは、経済・人口的、そして精神的にも落ち込んでいる地域のコミュニティを活性化すること（しかも、環境に配慮したやり方で）が可能だということだ。これらのコミュニティの住民たちは、最初は将来を絶望視していたが、次第に自分たちには違った未来をつくり出す力があると考えるようになった。そして、エンパワーされた住民たちは新しい未来を実現するために突き進むことができるようになった。

既存の資源を活かす

　もう一つの教訓は、自給自足への旅は、既存の資源・資産やスキル、地域コミュニティの事情を再認識することから始めるということだ。そうした既存の資産のうえに、その次のステップが踏み出されるのだ。カンゴス集落とカーリックスの集落の住民たちにとっての既存の資産とは、周囲の森林であり、地元で行われてきた猟と魚釣りの伝統であり、空き校舎であり、閉店した雑貨屋であり、停止されようとしていたリサイクルサービスであり、助けを必要としている高齢者たちであった。これらのすべてが、新たな起業や雇用の創出、所得向上という環境を与えてくれたのだ。

地域で生産する

　地域で食物が生産できるようになるのも、自給率を上げるためには重要なステップである。地域で食物をつくることができれば食物を買うために稼がなくてもよくなるし、自分たちで管理することができない遠隔地から供給されてく

る食物に依存しなくてもよい。

　サーミとトナカイの共存関係を見ると、人々が数千年以上もの間、厳しい季候のもとでどのように自給自足をしてきたのかが分かる。つまり、トナカイがサーミの主食だったことが彼らの自給生活の鍵だった。主食であるトナカイの数を減らせば、サーミの生活と文化の自立性も失われる。とりわけ、都会のコミュニティにとって食糧を100％自給することは現実的ではないかもしれないが、それでも地域で食糧生産ができるように方策を講じて、コミュニティの脆弱性を補うことはできる。

「エコ・ニッチ」を探し出す

　これまで紹介した集落やサーミのトナカイ産業の例は、エコロジカルなアプローチの経済的な可能性を示している。例えば、「エコ・ニッチ」が発展しつつある。(原注6)

　環境ビジネスに関わる企業は、地域の資源を持続可能な方法で利用し、仕事や生活の糧を提供しながら目覚しい成長を遂げている。他の産業の副産物を自社製品の製造に使う企業は、別のタイプの「エコ・ニッチ」といえるだろう。このタイプのエコ・ニッチは、ある生物やその排泄物がほかの生物のエサになり、効率よく循環する自然のサイクルと同じように「生態系の循環をつなぐ」働きをする。

効率的かつ公正にニーズを満たす

　最後に、サーミの奮闘や彼らを支援する人々の努力から分かることは、より良い持続可能な社会をつくるためには、すべての人々のニーズを考慮しなければならないということである。

（原注1）　Erik Linder氏との談話，オーブレ・ビュグド協会代表、カーリックス、

2001年8月18日。
(原注2) 国連環境開発会議、1992年6月3〜14日、ブラジル、リオデジャネイロ。「地球サミット」や「リオ・サミット」の名でも知られる。この会議で178を超える国家が集い、人間活動が自然環境に与える負の影響を停止・減少させる戦略が話し合われた。この会議から、「アジェンダ21」として知られる、国家と地方自治体が持続可能な開発を実現するための行動計画が生まれた。
(原注3) Nanna Borchert, in K. Fields, ed., *Land is Life: Traditional Sámi Reindeer Grazing Threatened in Northern Sweden*, Nussbaum Medien, 2001, pp.20-21, 23. Publication also available at <www.oloft.com/pressfolder.htm>
(原注4) Nanna Borchert, 前掲書, p2.
(原注5) Nanna Borchert, 前掲書, p27.
(原注6) Torbjörn Lahti, *Eco-municipality-a concept of change in the spirit of Agenda 21*, p.16.

第7章
エコロジカルな学校と環境教育

「枝が曲がっていれば木も傾いている」
（アレグザンダー・ポウプ［Alexander Pope］『道徳論集［Moral Essays I］』）

はじめに

学びについて

　よく言われることだが、私たちの未来を担うのは子どもである。未来を現在とは違ったものにしたいと思うなら、子どもたちに早くから理想の未来を考えさせ、それを実現させるようにしなければならない。これは、私たち大人がつくり出してしまった問題を子どもたちに解決させるということではなく、早くから今までとは違う物事のやり方や世界の見方を教えるということだ。つまり、以下に挙げるようなことを早い段階から教えていくことが重要となる。
- 子どもたちに自分と自然のつながりを体験させ、どうすれば自然を破壊せず、世界と調和を保ちながら生活を営むことができるのかを教えること。
- 子どもたちが、自然の循環を目にしたり理解できるように手を貸すこと。
- 自然の循環が理解できるように、食べたり、水やエネルギーなどの人工・自然の物質を使ったりする方法を教えること。
- 子どもたちに、この世には人々がより良く共存し、ともに働き、怒りや争い

を避けて、協力して相違を乗り越える方法があるということ。

　本章では、スウェーデンのエココミューンにおける学校や非営利の教育センター、そして保育所までもがこうした課題を実現していることを具体的に紹介していく。これらの学校は、子どもたちにエコロジカルな生き方をごく自然なこと、ある教師の言葉を借りれば、「何も特別なことではない」と思えるような教育の機会を提供している。

学校の施設について

　子どもたちにとって身近な世界、つまり学校環境が好ましいものでなければ、世界でより良く生きる方法を子どもたちが学ぶことは難しい。残念なことに、シックハウス症候群として知られる症状は、世界中の市民・行政職員にとっては特別なことではなくなってしまった。シックハウス症候群とは、空気中に埃、チリ、鉛、アスベスト、家具から出る揮発性化学物質、バクテリア、カビ、ラドンなどが浮遊する建物環境をいう(原注1)。こうした建物に入居した人々は、ずっとインフルエンザに似た症状やぜんそくおよび呼吸困難などを患ってきた。北米中の多くの公共・民間の建物がこのために使えなくなり、働いたり学習したりできる環境に戻すために数百万USドルをかけて修繕されたりもした。

　1970年代以降に建築・修繕された学校でも、シックハウス症候群の被害を被ってきたところは多い。例えば、ワシントン州シアトル近郊のバション島にある学校では、建物のせいで生徒、先生や職員たちに呼吸困難や肺疾患などの症状が現れ、その内数人は永久に働くことができなくなってしまった。そのため、生徒たちはストライキを決行して建築環境を改めるよう抗議した。アメリカ連邦政府が国内にある1万軒の公立学校を調査した結果、調査対象の半数が少なくとも1回は建築環境に関するトラブルを経験したことがあり、4分の3が、有害なアスベストや鉛、地下タンクの油などを取り除くためにかなりの額の投資をしているとの結果が出ている(原注2)。

　そのせいか、シックハウス症候群が生じるのを初期の段階で防ごうとする意

識や努力が着実に高まってきている。健康的で安全な建物の建設は、環境に配慮したデザインや建築技術における重要な課題となっている。

本章では、スウェーデンにある大小のエココミューンがどのようにして子どもたちのために健康的で安全な学校を造ったのかも説明していく。また、先ほども述べたように、子どもたちに早期から自然の循環について教えた学校の例、そして学校建設のプロセスを環境教育の機会として利用し、建設した学校を子どもたちや企業のための環境学習センターとして利用した例なども紹介していくことにする。

エスキルストゥーナ──エコロジカルな学校を建てたコミューン

エスキルストゥーナにある有害物質を使わないテーゲルヴィーケン基礎学校（Tegelviken）は、一見するとごく普通の学校のように見える。正面玄関の前にはスクールバスが入るカーブした道路があり、がっしりとした平屋の付属の建物が立ち並んでいる。普通の学校と少し違うのは、正面玄関の横に自転車置き場があって、自転車がズラリと並んでいることぐらいだろう。

しかし、正面玄関を一歩入るとすぐに、明るくて風通しのよい、広々とした空間が広がっているのに気づく。驚くべきことに、人工的な照明はほとんど使われていない。大きなガラス窓や天窓から太陽の光が差し込み、ロビーやホールを四方から照らしているのだ。新鮮な空気が流れ込み、廊下には、明るい色の様々な旗や子どもたちの図工作品が飾られている。

1990年代、エスキルストゥーナ（人口約9万人）は、新しい基礎学校を建設しなければならないと考えるようになった。コミューンの古い基礎学校は老朽化が進み、地域では児童数が増加していたが、彼らを受け入れるのも難しくなっていた。さらに、ほかの二つのコミューンから通ってくる生徒もいた。

1995年、コミューンは新たな学校建設に向けて積極的に計画を立て始めた。コミューンの職員が働きかけ、建物の建設やカリキュラムの設計には150人以上にも上る親が参加した。こうした参加型のプロセスの中で、環境への配慮と

利用者のニーズに基づいた設計を基本方針とする学校の建設計画が立てられた。この方針を実行するためには、コミューン議会は資材にまったく有害物質を使わない（この目標を達成するために、化学物質もまったく使われなかった）完全に無害な校舎を建設することを決めた。

エスキルストゥーナのテーゲルヴィーケン基礎学校は、有害物質をまったく使わないで建てられた。

有害物質を使わない学校建築

　前述の結果、エスキルストゥーナは化学物質を一切使わずに校舎を建設した。木材、レンガ、石材、有機物をベースにしたペンキなどの自然のものを材料として使用し、化学物質を使っているプラスチックは化学の授業の中で行う実験以外には一切使わなかった。そして、断熱材にはガラス繊維や石材を使った。
　当初、親や教師たちは、風邪などの病原菌などが増殖し、空調システムを通って建物中に拡がってしまうと懸念をしていた。確かに、近年、そうした菌の増殖とシックハウス症候群との関連が指摘されつつあっただけに、建設計画を立てるときに、できるかぎり健康な室内環境をつくるという目標を掲げた。この目標を実現するために設計者たちは、建物中に常に新鮮な空気を循環させるための最先端の空調システムを導入した。具体的にいうと、空気は床下の空間に設置されたセントラル・システムを伝って循環するようにし、3区画に区切られた学校には、各区画ごとに個別の空調システムが設置された。
　頭上の天窓や優れた断熱効果をもつ大きな窓から自然光が差し込み、一般的な冷暖房空調設備が発するファンの音といつた騒音もここにはない。建物で使

う熱も、木質ペレットを燃料にするボイラーや太陽光パネルの温水を使って供給している。

また、学校の下水設備は「中水」と「下水」に分けられている。学校のキッチンやトイレの流しから出た雑排水は、学校の敷地内に造られた湿地で浄化されることになっている。そして、浄化された水は敷地内にある植物への水やりに再利用されている。使用済みのトイレの下水は、堆肥化して浄化されて、地域の農家で肥料として利用されている。エスキルストゥーナコミューンは国から助成金を受けてこの革新的な下水システムを設置したのだが、現在では、このシステムはスウェーデンの公共施設のモデルともなっている。

> 職員たちは、初期コストが高くても、人体に有害な建築物を建てた場合にかかるだろう病気や修繕に関するコストを考えれば、環境配慮型建築を建てるほうが経済的だと気づいた。

ここの基礎学校では、4〜5歳児と6〜7歳児が同じ教室で学んでいる。共有スペースで年齢の違う子どもたちと交流したり、教師たちと対話したりできるようにするのがここの狙いとなっている。すべての教室にはキッチンが設置されており、生徒たちはそこで食事をし、食後に自分のお皿を洗ったり、残り物をコンポストボックスに入れてリサイクルしたりしている。もちろん、教師、職員、子どもたちは、みんな一緒に食事をしている。

この学校の建設費は合計約1,120万USドル（約13億円）で、普通の学校よりも10％から20％コス

ほかのクラスの教師や生徒たちと交流できるように、すべての教室は共有スペースに出入りできるように設置されている。

ト高となった。コミューンは、このように高い初期投資額にも関わらず、学校をエコロジカルな方法で建設することを決めたのだ。というのも、環境共生建築における初期コストが高くても、人体に有害な建築物を建てた場合にはのちに病気や修繕に関するコストがかさむことになるし、逆に環境配慮型の建築の場合であれば建設後の維持費や光熱費が節約できるということがわかったからだ。そして事実、学校はすでに安い光熱費と維持費によってコスト節約を実現している。

テーゲルヴィーケン基礎学校には、6歳から15歳の生徒450人と1歳から5歳の保育園児が50人いる。そして、教師と職員は70人。学校は、これら教師や職員の健康状態を、学校が開校された1999年の秋から調査している。調査によれば、2001年時点で健康に関する問題は開校時より減り、健康状態が向上した者もいた。

ここの最大の課題は、ひとクラスの人数が大きすぎることだ。各クラスに、平均30人もの生徒がいる。校長によれば、この学校は開校してからというもの大人気で、誰もが入学したがっているという。

テーゲルヴィーケン基礎学校のエコロジカルなカリキュラム

野外での自然教育プログラムは、テーゲルヴィーケン基礎学校のカリキュラムの根幹を成す部分である。プログラム・コーディネーターの言葉を借りれば、このプログラムの根底には「子どもは自然とポジティブな触れ合いの体験ができれば、より環境に配慮した行動がとれるようになり、未来を創造するような考え方も育まれる」という考え方がある。

プログラムを通して子どもたちは、自然科学と社会科学は切り離せないものだということを学ぶ。子どもたちは

> 「自然と触れ合うポジティブな体験をすれば、環境に配慮した行動がとれるようになる」
> （エスキルストゥーナの環境教育プログラム・コーディネーター、ニック・ヘルドーフ（Nick Helldorf)

環境問題と自分との関わりをグローバルな意味において知り、環境に対する責任感を育てていく。また、この野外プログラムは「感じることは知ることよりも数倍重要」という考えに基づいてつくられている。

　このアプローチの前提には、環境問題は単に知識の不足によって引き起こされているのではなく、人々の姿勢やもっている価値観によって生じているものだという認識がある。従来の教育は知識の習得に主眼を置いていたが、ここでは、知識を習得することだけでなく互いの感情を認知し、それを尊重することを重視している。テーゲルヴィーケン基礎学校の自然教育では、子どもたちは火を起こしたり、びしょ濡れになったりする経験をする。それぞれの活動の科学的な側面について学ぶだけでなく、自然の中で起こっていることを肌で感じる喜びを学ぶのである。

　プログラム・コーディネーターには、子どもたちを、ただのんびりとさせるという役目もある。子どもたちは普段とても速いペースで生活をしているので、たまに、ある一日を一人でゆっくりと過ごさせることも非常に重要である。彼は、教育の価値を測るには、テストや統計よりもよい方法があると考えている。例えば、子どもたちが何か新しいことを学び、習得したときに見せる目の輝きである。これは、客観的な評価基準にはならないが、もしかすると客観的な評価基準よりも重要なものかもしれない。

　スウェーデンの研究結果によれば、「多くの時間を野外で過ごす子どもは病気になる頻度が低い」と、テーゲルヴィーケン基礎学校で自然教育を教えている教師は言う。それに加えて、野外にあまり出ない子どもと比べて、肉体的、精神的な能力や集中力も高いという。

　テーゲルヴィーケン基礎学校のプログラムは、子どもたちが体を動かすようにつくられている。スウェーデンで行われたある調査によれば、1980年にはスウェーデンの成人の3分の1が太りすぎであった。それが1990年には、この割合が2分の1にまで増大している。この事実からしても、ここでの教育のあり方は重要な意味をもつことになる。

　1969年、スウェーデンにおける教育課程は知識の習得に主眼を置いたものであった。1980年までには、自然科学と社会科学が切り離すことができないとい

うこと、また生徒たちは積極的に社会に参加できるように教育されなければならないということが認識され、それらを反映したカリキュラムが組まれるようになった。そして1990年には、生徒に「グローバルな環境問題や身の周りの環境に対して責任をもち、環境を改善するために積極的な役割を果たせるような機会を与える」ことに教育課程の主眼が置かれるようになった。^(原注3)

エスキルストゥーナコミューンの持続的な発展に向けた取り組みについては第2章でも紹介している。

◆ オーバートーネオ──小さな町が建てたエコロジカルな学校

スウェーデンの北部に位置する田舎の小さなコミューンが、子どもたちの健康をどう守るべきか、また子どもたちに自然がどのようなもので、人間とどのように関わっているのかを教える必要があると考えた。そして、コミューンと5,500人の住民は、かつて地域経済の面でもコミュニティの精神の面でも衰退を経験したが、そこから立ち上がり、絶望的に思えた未来を明るいものへと転換した。ここは、オーバートーネオという、第1章でも紹介したエコロジカルな地域活性化を実現したコミューンである。

コミューン内のスヴァンスティン（Svanstein）基礎学校が火事に遭ったとき、オーバートーネオは学校の再建を迫られた。エココミューンへと変わる過程でここの住民や行政職員は、自分たちの行動や選択が自然の仕組みや自分たちおよび未来世代の福祉に影響を与えるということを認識するようになった。この認識から、のちに地域の環境モデルとなるオーバートーネオの学校再建計画が生まれた。

さらに印象的なのは、コミューンがエコロジカルな建設方法を採用したのは、持続可能性に関する目標という知的な枠組みによるものではなく、設計や建築に関する良識を重視した結果だったということだ。環境意識が、いかにコミュニティに深く根付いていたかが分かるだろう。

オーバートーネオの新しいエコロジカルな学校は、2001年の末に建設された。

オーバートーネオの新しいエコスクールの一教室。材料はすべて自然のもの。

小規模だが、エスキルストゥーナコミューンのテーゲルヴィーケン基礎学校と似ている。どちらの学校も、家具や建物の材料に天然のものを使っており、プラスチックの製品や家具はここには存在しない。オーバートーネオの学校では、床には天然のリノリウムを(★1)、天井のパネルには断熱・防音効果がある木質繊維を使っている。さらに、内装に使うペンキは有機物をベースにしたものを使っているし、ラミネート加工やロッカーなど、木工に有害な接着剤は一切使用されていない。また、テーゲルヴィーケン基礎学校と同様、教室や共有スペースには換気システムによって常に新鮮な空気が送り込まれている。全熱交換機は(★2)、古い空気が建物を出る前にその熱を新鮮な空気に伝えて再利用している。

◆ ミィリョフォースクーラ──幼児から始まる環境教育

オーバートーネオのミィリョフォースクーラ（Miljöförskola、環境就学前学校）では、5歳から自然の循環について学び始める。子どもたちは、植物が育ち、枯れたあとに堆肥となり、土に還ってその後より多くの植物が育つために役立っているということをこのときから学ぶ。

ミィリョフォースクーラでは、4人の教師が55人の生徒を教えている。1クラスの生徒は6人から20人で、都会での仕事や生活を求めてコミューンを出る

ミィリョフォースクーラの生徒たちは、自ら劇をつくって演じた。ヒロインが、ガソリンを大量に使う車に乗る邪悪な魔女を自転車に乗るように説得する。

人が多いために人口は減少傾向にあり、事実、学校の生徒数も減っている。また、ここは就学前学校の役目も果たしており、コミューンの田園地帯をカバーしている。郊外にあるため、なかには15マイルも離れたところからスクールバスで通学する生徒もいる。

　この学校ではエコロジーをテーマにして、スウェーデン語、英語、音楽、美術といった科目を統合した授業を行っている。一例を挙げると、学校の敷地内に子どもたちが風車を建てるという計画も進行中だ。また、夏休み前には、子どもたちは白夜のもとで6週間ほどで育つジャガイモを植えている。秋になって学校に戻ったとき、大きく育ったジャガイモを収穫して食べ、食べ残しは堆肥化して菜園に戻している。

　子どもたちは一週間に一度の割合で近くの森を探検し、木々が季節によってどう変化するのかを観察したり、森の妖精である「ムッレ」の小屋を訪れたりする。その小屋では、ムッレの格好をした妖精が子どもたちを迎える。ムッレは子どもたちに森や自然や生命について語りかけ、子どもたちはその話に熱心に耳を傾ける。

　ムッレは、45年以上前に「野外生活推進協会」(★3)というNGOがスウェーデンの子どもたちに紹介した森の妖精である。自然保護のシンボルとして、スウェーデンでは200万人以上の子どもたちに親しまれている。

★1　麻布にゴム状物質を圧着した床敷材料。
★2　空気を媒体とする熱交換器。省エネルギー効果をもつ。

ミィリョフォースクーラやオーバートーネオの就学前学校では、エコロジカルな生活とは何ら特別なことではなく、自然を意識し、自然の循環と調和して暮らすことが彼らにとってごく自然で、当たり前のこととなっている。(原注4)

カンゴス集落のエコロジカルな学校

住人330人という小さな集落であるカンゴス集落の住民は、1993年にコミューンが集落内の学校の閉鎖を示唆したとき、学校を救うために団結した。ここの集落が再び活性化した経緯については第6章で述べた通りである。

カンゴス集落にある学校は、現在、公立学校のシステムから独立した形で運営されている。スウェーデンでは、私立学校を開校するためには地方政府の許可が必要であるが、許可されれば学校は必ず公的資金を受けることができる。

コミューンの職員が言うところでは、「ある意味では、いまやカンゴス集落の全住民がこの学校を所有しているようなものだ」。学校は集落の生活の中心となっているし、5、6人の教師はみんな集落に住んでおり、学校の運営委員会の大半が学校の生徒の父母で構成されている。

学校はまた集落の文化的な中心ともなっている。学校ではエコロジーをテーマにした劇やミュージカル、ショーが開催されているが、これには集落中の人々が足を運んでくる。太陽系における地球の位置をテーマにしたミュージカルでは、子どもたちは体育館全体を、月やクレーター、凍った湖など、そして惑星やその特徴を形づくったオブジェで飾りつけた。人間と自然との関連を理解するというテーマは、すべての科目と結び付けて学んでいる。

また、ここの学校は、カリキュラムに野外授業を盛り込んでいる。冬には動物の足跡を探しに野外に出たりするのだが、これは地元の林業会社が学校のために森林を残してくれているからこそできることである。ここで子どもたちは、約10平方フィート（約900m^2）の森林の中で起こっていることを観察する。巣箱を用意したり、どんな鳥が巣をつくるかを観察する子どもたちもいる。

学校で行うゲームでは、「地球からは必要なものだけをもらおう」、また「地

球が再生できるものだけをもらおう」といった価値観を教えている。学校にいる者は誰でも、紙は両面を使ったあとにリサイクルし、食べ残しは堆肥化したり、キッチンのシェフが飼っている豚に餌として与えたりする。また学校では、特に自然科学と社会科学の授業において、子どもたちに持続可能性の意味を教えるためにナチュラル・ステップの四つのシステム条件を用いている。

カンゴス集落の学校の職員によれば、「スウェーデン国内の一般的な学校のテストは、都会の子どもたちに合わせたものだ」と言っている。そして、「もし、テストがこの集落でつくられたら、都会の子どもはここの子どもには勝てないだろう」とも言う。(原注5)

ツヴェーレッド
——コミュニティと子どもが共同で設計するエコロジカルな学校

変わっていると思われるかもしれないが、ファルケンベリコミューン近くのウルリシハムにおいては、コミューンから委託された建築家たちが、建物の設計・修復プロジェクトをジャガイモ掘りの大会から始めた。驚いたことに、ここに住む人々がツヴェーレッド（Tvärred）基礎学校をどのように改築すべきかを話し合う際に、この行事を実際に開催した。

建築家たちは、建物は利用者のニーズとビジョンをもとに設計されなければいけないと強く信じていた。同学校の建設の場合、学校はまたコミュニティのセンターとしても機能することが予想されたので、生徒だけでなく、両親やそのコミュニティの住民も利用者だと考えられた。つまり、彼らの感覚を理解することが設計の重要なポイントであると判断したのだ。

このため建築家たちは「ポテトデー」を開催し、老人から若者に至るまで、すべての住民が招待された。住民たちは、掘ったジャガイモを持ち寄って芸術

★3　会員数10万人のNGO。1892年に発足。野外生活で国民の健康を促進させることに貢献する団体。1957年、幼児対象の自然教育プログラム「森のムッレ教室」が始まった。年間に3万人の保育園児が参加している。日本では姉妹協会が1992年に発足し、5支部、35園において導入されている。19ページも参照。

的なオブジェをつくったり、スタンプをつくって絵を描いたり、カタクリ粉をつくったりして楽しんだ。

　その後、自分たちが何をつくり、それにどんな意味があるのかを話し合う時間がもたれた。建築家たちはそうした話し合いに真剣に耳を傾け、人々の意向を聞くうちに、住民たちが学校建築に何を求めてどのような点を期待しているのかが分かってきた。建築家たちはこのイベントから多くのものを学んだが、この経験はその後の設計プロセスでも大いに役立つこととなった。

　できあがったデザインは、コミュニティの様々な人々の願望を組み込んだものとなった。例えば、窓は子どもたちが外を見やすいように低い位置に設置されたし、教師たちは機械音がしない空調システムを望んでいたのでパッシブソーラーシステム[★4]が取り入れられた。そして、ある高齢者（男性）の「学校の建設に深く携わりたい」という願いは、彼が創った彫刻を壁に埋め込むという形でかなえられた。また、子どもたちは自分の家で出た生ゴミを学校で堆肥化しようと考えていたので、リサイクルステーションを子どもたちが使いやすく、かつ誇りがもてるように校門の近くに設置した。それ以外にも、利用者のアイデアから、アルバニアの子どもに中古の靴を贈ることを目的とした靴回収箱が設置された。

　子どもたちに与えられたプロジェクトの一つに、学校の壁がどれぐらいの重さに耐えられるのかを調べるというものがあった。子どもたちはまず、地域の歴史博物館を訪れて既存の学校の設計図を探し出した。次にレンガを積み上げて、どうしたら建物の基礎を造ることができるのか、またどうしたら違う設計を考え出せるのかを探った。

　これまでの学校の中で、子どもたちが気に入っている場所の一つに地下室があった。建築家たちは、子どもたちに地下室のどこがよいのかを話してもらった。そしてその内容は、建物をリサイクルするというアイデアとともに再設計する際のベースとなった。

　子どもたちはまた、パイプの太さが違うのはなぜか、そしてそれぞれどのような役割を果たすのか、それらはどこにつながっているのかといったことを知りたがっていた。さらに、子どもたちにとってトイレは唯一学校内で一人にな

れる場所なので、非常に重要な場所だということも分かった。子どもたちは「トイレとバスルームの設計に重点を置いてほしい」と嘆願し、より多くの費用がトイレの設計に充てられるようにという想いから、学校にあるすべてのドアのリメイクと研磨を手伝った。

　プロジェクトの予算に限界があったため、建築家は教室を複数の用途に利用できるように設計して、空間そのものの節約を図った。例えば、高学年の教室のいくつかは、時に低学年の子どもたちの遊び場になったり木工の時間に利用されたりする。エコロジカルな設計の高コストをカバーするために、建築家は削れるかぎりの空間を削った。また、教師と事務職員など、学校の中でも離れた場所にいる人たちの交流を図ろうと事務室は食堂の近くに設置され、地域の住民も利用しやすいようなものとなった。

　照明器具の一部を除いて、学校のどこを見渡してもプラスチックは見当たらない。もちろん、建築材料にはすべて天然のものが使用された。教師や職員はブラインドを設置したかったのだが、有害な臭素系難燃剤が含まれているかもしれない布を避けて木製のものが付けられた。

　雨水は、軒樋(のきとい)を通り、木製のシュート（落とし樋）を通ったあとに水車へと流れ、大きな岩の並ぶ水路へと流れ出している。晴れた日には、子どもたちが岩場に座ったり、その上で遊んだりしている。

ツヴェーレッド基礎学校の運動場を設計する

　運動場の設計プロセスに子どもたちを参加させるために、建築家たちはまず製粉所だった建物の大きな部屋に様々なオブジェを置き、子どもたちに部屋の中を探検してもらい、その中のものの配置を好きなように変えてほしいと依頼した。最初、子どもたちは部屋に入ったときには静かにすべてのものをじっくりと観察した。その後、部屋の中に隠れることのできる場所を見つけ、そこから出入りしたり、オブジェの後ろに隠れたりして遊び始めた。また、部屋の建

★4　（A Passive ventilation system）空気の自然な流れを利用して、温度や湿度が調節されるような仕組み。

築について質問をしたり、部屋の一部を動かしたり改造したりすることはできるかと質問をし始めた。

　次に建築家は、学校の責任者に対して、新しい運動場を設計するために今ある運動場を実験場として利用させてもらえないかと頼んだ。そして、子どもたちに従来の運動場のどこが好きか、運動場には何を置きたいかを聞くために大きな画用紙を用意して、子どもたちに好きなように絵を描いてもらった。ある8歳の男の子は、自分の大好きな場所として大きく滑らかな石を描いた。彼はその石の上に座って、空の音を聞いたり、近くにある白樺の葉や幹の匂いを嗅いだりするという。またそこは、彼が初めてサッカーでゴールを決めた場所でもあるという。

　こうしたやり方で、子どもたちにとっての運動場の特別な場所はすべて画用紙に記録された。

　運動場の設計プロセスは、歴史や木工など学校の授業にも組み込まれた。木工の授業では、ある生徒が運動場のためにアンティーク式の送水ポンプをつくりたいと言い、木製の模型を試作したあとで実際に制作した。ある日、別の男の子が教室のドアに「橋を造りたい」と書いた紙を貼り出したら、それを見た担任の先生がすぐに木工の先生と話し合ってプロジェクトをスタートさせた。すると、一緒に橋を造ろうと10人の生徒が集まった。子どもたちは橋を完成させたが、その後に建設プロセスを振り返って、どうしたらもっとよい橋を造ることができるのかを考えた。そして、次のときには丸太ではなく機械で製材された木材を使用してより良い橋を造ることとなった。建築家は、子どもたちに最初の試みを振り返る時間と、改善策を実行する機会を与えることが重要であると分かった。

　しかし子どもたちは、結局、最後には運動場に橋ではなく塔を建てることにした。塔の模型をいくつか試作し、コミューンの都市計画家や建築家を招いて見てもらった。建築家は学校の13クラスすべてを回り、学年に合わせて説明の仕方を変えながら、塔や建物が一般的にはどのようにして建てられるのかを説明した。なかでも興味深かったのは8歳児から10歳児のクラスで、環境汚染と建物との関係ついての議論に発展したことだった。

学校の建築家もコミューンの建築家も、こうしたやり方は計画や設計をするうえにおいて素晴らしい方法だと考えた。子どもたちもコミューンの都市計画家や建築家をますます尊敬するようになり、また都市計画や設計をめぐる様々な課題についても具体的に学ぶことができた。

　その後、子どもたちはさらに大きな塔の模型をつくるように言われた。そして、建築家たちは、もし子どもの両親が10人飛び降りてもケガをしないような高さであればその塔の建築許可を子どもたちに与えると約束した。

　ツヴェーレッド基礎学校の改築では、子どもと親、そして地域住民が参加する生き生きとしたプロセスの中で設計や環境教育が行われた。建築家と建物の利用者、そして自然との関係はここしばらく分離したものとなっていたが、民主的な環境重視のプロセスの中で密接な関係が蘇った。学校と運動場は、子どもたちと住民が設計プロセスに参加し、また設計者と建物利用者との間でコミュニケーションが図られるという中で設計されていった。^(原注6)

　ツヴェーレッド基礎学校の改築プロジェクトは、クリストファー・アレグザンダー(★5)の著書『時を超えた建設の道』と関連している。

　「それは、建物や町の秩序が、そこにある人間や動物や植物や事物などの内なる本質から、直接的に生まれてくるようなプロセスである。

　また、それは個人や家族や町の内なる生命が、素直に自由に育まれるようなプロセスであり、あまりにも生き生きしているので、生命の維持に必要な自然な秩序がひとりでに生まれてくるほどである」^(原注7)

✦ エコセントルム──ビジネスと学生のための環境教育

　ヨーテボリの近郊に、元は小学校だったのではないかと思われる古い質素な建物がある。この中には非営利の教育センターがあり、何千人もの企業の従業員や学校の子どもたちが、世界の文明が「漏斗の壁」（7ページ参照）にぶつかりそうになっている現状や持続可能な方向に向かうために個人にできる具体

★5　(Christopher Alexander) 1936年生まれ。オーストリアの建築家。カリフォルニア大学バークレー校名誉教授。

的な行動について学んでいる。

　「エコセントルム（Ecocentrum）」は、スカンジナビアで一番大きな環境教育センターである。環境教育の講義やプレゼンテーションを実施しており、また見学者と受講者の双方を対象とする展示会も開いている。企業の従業員や学校の生徒たちが、地球温暖化問題や化学物質の使用と種の絶滅、そして人体に与えるリスクとの関連などについて学ぶために半日のセッションに参加している。環境破壊を抑えるためには、個人や家庭、会社はそれぞれ自らの行動を変える必要があるが、ここの環境教育センターではその具体的な方法も教えている。毎年15,000人がこのセンターを訪れるが、4分の1は学校の生徒で、残りの4分の3は企業人や公務員だ。逆に、環境教育センターの講師が自ら学校や組織などに出向いて講演をすることもある。

　小さい企業の中には、ISO14001のような標準化された環境マネジメントシステムが求める総合的な研修を行う余裕がないところもある。多くの場合、環境教育センターはそれらの企業に「ISOライトトレーニング」と呼ばれる研修のコンパクト版を提供している。今までに、数百に上る小さな会社がISOライトトレーニングを受けさせるために社員を送り込んでいる。（原注8）

　この環境教育センターは、もともと四つのNPOによって設立された施設だ。環境教育センターは民間の財団によって所有・運営されているが、それだけでなく、企業や出展者たちの寄付によっても支えられている。また、学校教育に関わるプログラムについては政府からの補助金も受けている。

　環境教育センターは、ナチュラル・ステップのフレームワークを、科学の基礎を教えるときや持続可能な行動を促す際の基盤として活用している。参加者がここのプログラムに参加できる時間はごくかぎられたものなので、環境教育センターはプログラム時間内に教育するだけではなく、その後に参加者が自ら学び続けられるようなきっかけづくりもしている。

　環境教育センターの教育方法、それは普段の生活で使っているものを題材にしてストーリーをつくって物事を教えるという方法だ。

　環境教育センターは、展示エリアをエネルギーと熱、水、下水、化学物質などの特定のテーマごとに分けており、それぞれの展示室には、企業から寄付さ

れた有害でなく環境汚染も少ない最新の代替技術が展示されている。一例を挙げると、従来のものよりもエネルギー効率がよく環境汚染も少ない船外モーターが紹介されている。この展示では、同時にツーストロークやフォーストロークの船外モーターのエンジンにも使うことができる新しいガソリンも紹介されている。このガソリンの値段は従来のものと比べると倍だが、水中に放出されるベンゼン化合物の量を従来の5分の1に削減することができるものである。モーターの電池は、太陽光パネルで充電して10時間分まで蓄電できるようになっている。(★6)(原注10)

　木質ペレットを燃料とする家庭用のストーブも展示されており、木質ペレットが自動的に供給されれば常に手でペレットを入れる必要がなくなることが分かる。家に誰もおらず、電源が入っていない場合にも、バックアップ電源によって木質ペレットは同じように自動的に供給される仕組みとなっている。このほか、洗濯機や乾燥機の省エネルギー製品も展示されている。

　環境教育センターの講義や展示会では、自然環境に蓄積する化学物質や重金属の排出源や有害な影響を紹介することもある。例えば、ある講師は微量の内分泌撹乱化学

地球儀と布切れで、スウェーデンのエコロジカル・フットプリントが示されている。エコロジカル・フットプリントとは、その社会の消費と廃棄物処理のために必要となる土地の面積のこと。(原注9)

環境教育センターで展示された家庭用ストーブ。従来の家電製品とは異なる環境配慮型製品だ。

★6　それぞれ「二回巻き上げ式」「四回巻き上げ式」の意。

物質（環境ホルモン）が成長期の児童にどのような影響を与えるかを教えている。ほかにも、下記の内容が講義や展示で扱われている。

❶スウェーデンの下水には年間200トンから300トンのアセトンが排出されるが、これはマニキュアの除光液によるものである。赤い口紅にはしばしば水銀、カドミウム、鉛を含む「cinnobar」（★7）と呼ばれる物質が含まれている。そして、ストックホルムの上水に含まれるカドミウムの30％は芸術家の筆から洗い流された絵の具によるものである。（原注12）

❷ウプサラのコンポストを分析したところ、分解されにくい蓄積性の有機化学物質などの殺虫剤が高濃度で発見された。ある講師は、農家で使われているよりもずっと多くの殺虫剤が家庭で使われていることを指摘している。例えば、家庭でアブラムシを取り除こうとして殺虫剤を使用して効き目が悪かった場合、さらに有害な殺虫剤に手を伸ばしてしまうということはよくあることだ。

❸除菌作用のある石鹸や洗剤は手を洗ったり調理台を磨いたりするのに使われるが、それが下水処理場で排水を浄化してくれる微生物をも殺してしまうということや、歯茎の流血を防ぐ除菌作用のある歯磨き粉は耐性菌（★8）を育成する効果もあることなどを説明している。──展示

❹屋内植物が空気を浄化する仕組みが紹介されている。オリヅルランやゴムの木には強い浄化作用があり、そのため宇宙基地にも設置されているということだ。地球温暖化の展示では、タイヤの空気が抜けている自動車は燃費効率が悪くなり、非常に多くの温室効果ガスを排出してしまうということが指摘されている。タイヤ製造会社の中には、空気よりも抜けにくいという理由から、温室効果ガスである六フッ化硫黄を空気の代わりに入れているところもある。（原注13）──展示

❺大気汚染効果を少なくした草刈機用のガソリンや、ベンジンの量を減らしたレースカー用のガソリンも紹介されている。──展示

こうした画期的な新製品を展示することは、多くの人々がまだまだ楽しんでいる娯楽活動と環境保全との矛盾を少しでも解消するのに役立っている。

環境教育センターは、子どもたちや大人たちが地球環境の悪化の現状への理解を深め、個人や企業のできることを理解するためのサポートをしている。こうしたセンターの取り組みを成功させるためには、理論と実践、講義と実演を組み合わせることが重要だ。

1993年以来、環境教育センターでは約10万人もの人が、持続可能な行動がどういうもので、なぜ必要なのかを学んできた。^{（原注14）}

....

★7　cinnabar（辰砂）の間違いだと思われる。深紅色の鉱物。
★8　歯磨き粉の中に含まれている物質はトリクロサンという。細菌のうち、殺菌や増殖抑制の物理的・化学的作用に耐えて増殖できる変異株。一般には、抗生物質などの化学療法剤が有効でない病原菌をいう。

（原注1）　Margaret Wulf, "Is your School Suffering from Sick Building Syndrome?" originally published in *PTA Today,* Nov/Dec 1993, revised 1997. <www.pta.org/programs/envlibr/sbs 1193/htm>を参照。

（原注2）　U.S. General Accounting Office (GAO), *School Facilities. Condition of America's Schools Today,* GAO HEHS-95-61. June, 1996, p. 1. http://www.gao.gov-archive-1996-he 96103.pdf を参照。

（原注3）　テーゲルヴィーケン学校に関する情報は、校長のUlf Carlsson氏の談話による（2001年8月6日）。テーゲルヴィーケンの環境教育のカリキュラムに関する情報は、テーゲルヴィーケン学校のNicke Helldorf氏の談話より（2001年8月6日）。<www.eskilstuna　se/tegelviken/>（スウェーデン語のみ）を参照。

（原注4）　ミリョフォースクーラの学校教師であるAnn Britt Aasa氏の談話より（2001年8月17日、オーバートーネオにて）。

（原注5）　カンゴスの学校の情報は、Sten Ylvin氏とLennart WanhaniemI氏による談話より（2001年8月16日、カンゴスにて）。

（原注6）　ツヴェーレッド基礎学校の改修に関する情報は、建築家であるMarie Ganslandt氏と建築デザイナーPorten Ritare ABの談話による（BråtadalのBjörkelkullen Cultural Farmにて、2001年8月9日）。

（原注7）　Christopher Alexander, *The Timeless Way of Building,* Oxford University Press, 1979, p.7.（クリストファー・アレグザンダー／平田幹那訳『時を超えた建設の道』鹿島出版会、1993年、7ページより引用）

(原注8) ISO14001についての詳細は、「第5章　グリーンなビジネス、グリーンな建築」を参照。

(原注9) Mathis Wackernagel and William Rees, *Our Ecological Footprint : Reducing Human Impact on the Earth,* New Society Publishers, 1996.(マティース・ワケナゲル、ウィリアム・リース／池田真里訳『エコロジカル・フットプリント――地球環境持続のための実践プランニング・ツール』合同出版、2004年)

(原注10) ベンゼン化合物は脂肪組織にたまり、食物連鎖を通して濃縮されて蓄積される。Joe Thornton, *Pandora's Poison,* MIT, 2000, pp.35-36.(ジョー・ソーントン／井上義雄訳『パンドラの毒――塩素と健康、そして環境の新戦略』東海大学出版会、2004年)

(原注11) アセトンの危険性に関する情報は、Environmental Defense Fund, *Scorecard*, "Chemical Profiles", CAS Number 67-64-1, 2003. <www.scorecard.org/chemical-profiles/summary.>を参照。

(原注12) カドミウムは発癌性物質として知られており、繁殖機能、胎児・小児発達、血液、免疫系、内分泌系、腎臓に対して有毒である。Environmental Defense Fund, *Scorecard,* "Chemical Profiles", CAS Number 7440-43-9. <www.scorecard.org/chemical-profiles/summary.tcl?edf_substance_id=7440%2 d 43%2 d 9>を参照。

(原注13) Federal Environmental Agency of Germany, Press Office, "Gas Filter in Sound Insulating Windows and Car Tires Adds to Greenhouse Effect,"2002年8月16日より。<www.umweltbundesamt.de/uba-info-presse-e/presse-informationen-e/p 4002 e.htm>を参照。

(原注14) エコセントルムに関する情報は、Eva Lundgren、Lena Richard、Anders Lund 各氏の談話より（2001年8月8日、ヨーテボリのエコセントルムにて）。<www.ekocentrum.se>を参照。

第8章

持続可能な農業──地元で健康的に栽培する

> 人と、人に食物を与えてくれる土地の間に交わされた契約ほど神聖なものはない。
>
> ジェナイン・ベニュウス (原注1)

◆ 持続可能でない農業──スナップショット

石油

今日のアメリカ合衆国では、食べ物は食卓に行き着くまでに平均して1,300マイル(約2,000km)を旅している(原注2)。また、普通の食パン1斤をつくり、包装して消費者の手に届くまでには、その食パンに含まれているエネルギーの実に2.5倍のエネルギーが消費されている(原注3)。生態学者のデイビット・パアイメンテル(★1)によれば、現代社会では1キロカロリーの食べ物をつくるために10キロカロリー(約42キロジュール)の炭化水素が消費されているということだ。

> 「10のうち1が実際に農作業をする人間で、残りの9が石油に関する仕事をする人間であるとき、絶対的な力をもつのはどちらだと思いますか」
> リチャード・マニング (Richard Mannings) (原注4)

★1 (David Pimental) コーネル大学の生態学・農学の教授。著書に、*CRC Handbook of Pest Management in Agriculture*, 1981.など。

170　第8章　持続可能な農業——地元で健康的に栽培する

この基準で計算すると、「私たちは毎年、一人当たり石油に換算して13バレル（約2,000ℓ）相当の食料を食べていることになる」と、生物学者のジャナイン・ベニュウスは指摘している。(原注5)

化学物質

　農業における殺虫剤の使用量は1964年には約18万トンだったが、1996年には約32万トン強にまで増加した。一方、害虫の被害を受けた農作物の割合は1950年代には31％だったが、2002年には37％まで増加している(原注6)。そして、農業に携わる人が殺虫剤の急性中毒になるケースは年間2,500万件に上っている(原注7)。

　ある研究では、アメリカ合衆国内の農村部にある1,500もの郡（county）において、農業における化学物質の使用とガンによる死亡数には深い相関関係があることが明らかにされている(原注8)。研究が進むにつれ、殺虫剤によく使われている神経系化学有害物質と有機リン酸化合物が子どもの発達障害と行動障害に関係していることが明らかになってきた(原注9)。科学者で『奪われし未来』の著者の一人であるシーア・コルボーン(★2)によれば、いまや私たちのほとんどが、もともと体内には存在しなかった数百種類もの化学物質を体内脂肪の中に保持しているという(原注10)。

農地の喪失

　上記したことに加えて、食物を育てるために使える土地が少なくなりつつあることも農業を脅かしている原因の一つである。スプロール型の開発によって、毎年40万エーカー（18億2,000万m²）もの良質な農地が消えている(原注11)。さらに、アメリカ国内の農業は少数の「アグリビジネス」の手に集約されつつある。そこでは、わずか1％の人がすべての国民を養う食糧を生産しており、たった18％の農場が全食糧の87％を生産している(原注12)。このようなアグリビジネスによる農業のほとんどが、広大な土地に1種類の作物を育てるという単一栽培で行われている。これでは、ジャナイン・ベニュウスの言葉を借りれば、「害虫に襲ってくれ」と言っているようなものだ。(原注13)

よいニュース

　一方、よいニュースもある。世界中で、有機農業と有機食品ビジネスが急速に成長しているのだ。アメリカでは、有機農業に携わる人口が年間約12％ずつ増えている。^(原注14)

　国際的なある有機食品機構によれば、有機食品の売り上げは1996年から2001年の間に250％も増加した。^(原注15)「有機食品商業協会」(★3)も、北米の食品業界において最も売り上げを伸ばしている分野は有機食品だといっている。アメリカにおける有機食品の小売業の売り上げは、1990年には10億USドル（約1,160億円）だったものが2000年には78億USドル（約9,000億円）になり、2005年には200億USドル（約2兆3,200億円）を超えると予想されている。^(原注16)(★4) カナダでは、自営業の食料品店が有機食品を置く棚のスペースをこの1年間で20％も増やしたという話もある。

自治体は農業にどのような影響を与えることができるのか

　自治体は、好むと好まざるとに関わらず、コミュニティにおける農業の命運に多大な影響力をもっている。まず、最も重要なこととして、地方自治体は土地の利用に深く関わっている。アメリカでもほかの多くの国でも地方自治体と中央政府は農業用地を定め、その農業用地や周辺の土地の開発を制限したり、開発の基準を策定したりする権限をもっている。そして、地方自治体は、コミュニティの経済開発の方策や計画を通じて経済活動としての農業に影響を与えている。

　地方自治体は好ましいと思われるビジネスや、地元に雇用を生み出すようなビジネスに対して経済的なインセンティブを与えることができる。例えば、地

....
★2　(Theo Colburn) 動物学者。WWFの「野生生物と汚染物質プロジェクト」のディレクター。
★3　Organic Trade Association : OTA。北米で、有機食品商業を拡大していこうとしている会員制の企業でなる協会。www.ota.com
★4　上記ホームページによると、2004年は127億USドル（約2,000億円）で、年間20％の増加率であった。

方自治体は化学物質を使用しない有機農業を促進するためにインセンティブを与えることができるし、土地利用や公衆衛生に関する条例を通じて殺虫剤や化学肥料の使用を規制することもできる。さらに、農業の命綱である水も自治体が供給することが多い。

　本章では、スウェーデンの都市、郊外、農村で持続可能な農業がどのように広まっているのか、そしてスウェーデンのNPOがどのように有機食品産業の発達を支援しているのかを、事例を挙げながら紹介していくことにする。

ローゼンダール農園——都市の中心部にある有機農園

　都市型有機農園であるローゼンダール（Rosendal）農園はストックホルム中心部にあって、70万の人々がバスですぐに行ける場所にある。この農園では、訪れた人が野菜畑やハーブ畑、花畑の間を散歩しながら野菜や花を採って園芸店で購入することができる。園芸店には、ガーデニング用品や陶器、そして様々な有機栽培によってつくられた農産物が売られている。曲がりくねった遊歩道沿いにハーブ園やバラ園、ニワトリ小屋やウサギ小屋があり、子どもたちは動物たちを見て楽しむこともできるようになっている。

ストックホルムの住民は農園内を散歩したり、有機農産物を収穫し、購入したりできる。この農園まで、多くの住民はバスで20分以内に訪れることができる。

　リンゴ園では昔からスウェーデンにある品種のものが栽培されていて、それは収穫後にリンゴサイダーとして加工されて農園内で販売されている。一見すると日当たりのよい温室のような建物は、実はレストランとなっていて、農園で収穫した食材を使ったおいしいランチやお茶を楽しむことができる。日曜日には、何百人ものストックホルム市民と他地域から来た

観光客でレストランは満員になるため、客たちはレストランで注文したランチをリンゴ園の中にあるピクニック用のテーブルまで持っていって食べたりもしている。食べ終わったあとには、食べ残したものを遊歩道近くのコンポスト容器に入れ、

街に住む子どもたちがローゼンダール農園に来て、ニワトリやウサギの様子を見ることができる。

お皿やカップなどを備え付けの大きい容器に返却する。お皿やカップなどは陶器製で、再利用をしている。ここのレストランは冬場も営業しており、農園の雪景色に惹かれてやって来る客たちにコーヒーやサンドウィッチを販売して喜ばせている。

ここには、これ以外にも敷地内の養蜂園でとれたハチミツを売る店もあるし、香りで客を誘うパン工場もある。パン工場では、こんがり焼けたパンをフィンランド式の薪オーブンから取り出す作業を見学することもできる。この薪オーブンは、伝統的な竈をつくるために協力しようと様々な国からやって来た職人たちによってつくられたものである。

このローゼンダールというユニークな農園は、もともと18世紀から19世紀にはスウェーデン王室の庭園だったが、19世紀後半にガーデニングを教える教育センターになった。スウェーデン園芸協会(Swedish Horticultural Society)が1861年に事務

訪れた人は、ローゼンダール農園で収穫された美味しい有機農産物を買ったり、味わったりできる。

所と実習所をこの農園に移し、その後、1900年代初頭まで管理をしていた。現在「ローゼンダール農園の友（Friends of Rosendal Garden)」という民間の財団が管理をしており、園芸と農業の教育センターとしての伝統を受け継いでいる。

　ローゼンダール農園は、都市にある世界初の国立公園である「エコパーク（Eco Park)」の中にある。エコパークの敷地は6,700エーカー（約2,700万㎡）で、北欧では最も広いといわれるオークの森が敷地の大部分を覆っている。この森には、希少種で、オークの樹皮にいる「オーク・バーク・ビートル（oak bark beetle)」という甲虫類が生息している。

ローゼンダール農園における有機農業の始まり

　ローゼンダールの有機農園とその関連ビジネスは、それ自体が有機的に発達してきたものだ。1950年代に庭師によって建てられた温室が現在も使われていたりする。

　事の始まりは、1960年代の初頭にバイオダイナミック農法の経験をもつ2人の園芸家が、ローゼンダール農園の修復を手伝うためにストックホルムにやって来たことだ。バイオダイナミック農法とは、有機農業にシステマティックに取り組む農法のことである。[原注17]

　2人は、まず地面をきれいにして野菜や花を植えた。すると、この取り組みに興味をもって手伝いたいという人々が集まってきた。しばらくすると、2人のためにコーヒーを入れたりケーキを焼いたりする人も現れた。誰かがコーヒーにお金を払おうと言い始め、これが発展して現在のレストランになったわけだ。また、農園で育つ植物を買いたいと言い出す人も出てきて、これが園芸店をつくるきっかけになった。

　庭園の修復についての噂が広まるにつれて、さらに多くの人々が農園で作業したり、店で食事したり、園芸店で買い物をするために訪れるようになった。理由もなく単に訪れる人もいたが、レストランの創始者が有機食材を使った料理の本を著したことによってさらに多くの人々が訪れるようになった。

レストランからの食べ残しや食材の切れ端などは、枝葉などの植物と一緒に堆肥化され農園の肥沃な土壌をつくる。これは、農業と園芸に関する循環型のバイオダイナミック農法の一例である。

 庭園と農園に対する注目度はどんどん上がっていった。造園技師や設計士の一団が敷地を設計するためのブレインストーミング（自由討議）に参加し、バラ園やベンチがあって座ることができる公園、花と野菜を一緒に育てる農園などの様々なアイデアを出した。

 バイオダイナミック農法で欠かせないことは、堆肥づくりと土づくりだ。重要なポイントは、農園内で養分が循環して物質の流れが完結していることである。レストランから出る食べ残しや食材の切れ端などは堆肥にして、花壇や菜園の土をつくるために使われる。つまり、食べ残しや木の葉、野菜屑、ニワトリやウサギの糞尿は、六つの巨大な箱の中で堆肥化されて豊かな土になるわけだ。もちろん、化学物質は一切使用していない。ある農園の庭師は次のように言っている。

「多くのストックホルムの住民が、ここで堆肥のつくり方を学んでいった」

 その庭師によれば、ローゼンダールに惹かれる理由は分からないが、なぜか農園に来てしまうという人もいるそうだ。人々は働いたり、食事したりするために、また時には理由もなく農園に足を運ぶ。彼女によれば、人々は農園を訪れると言動に変化が現れるという。様々なことが目まぐるしく変化している日常の中では、「感覚を呼び覚ます」ローゼンダールのような場所と時間が必要であると人々は気づいているのだ。

ローゼンダールのビジネス的側面

　ローゼンダール農園は、融資や補助金を受けない非営利のビジネスとして運営されている。敷地内のビジネス（レストラン、園芸店、パン屋、養蜂、その他農園関係の事業）の収益によって、全従業員の人件費と運営費が賄われている。ローゼンダール農園が行っている事業に触発されて、スウェーデン国内のほかの地域、例えばヨーテボリなどでも同様の都市農業プロジェクトが立ち上がった。[原注18]

❖ マスクリンゲン農業組合——郊外の組合経営の農場

　ルーレオ郊外のイエッドヴィーク集落にある25エーカー（約10万㎡）の農場では、都市部に住む人々への食糧を供給する一方で、そこを訪れる一般の人や

人々はマスクリンゲン農場の売店に立ち寄り、身体によい化学肥料や農薬不使用の農産物を購入することができる。

学生に、エネルギー効率のよい方法で化学物質をいっさい使わずに野菜や肉をつくる方法を教えている。そこでは、30世帯が非営利の組合である「マスクリンゲン自然循環型農業組合（Kretsloppsföreningen Maskringen）」を所有し、運営している。ほとんどの人が別の場所でフルタイムの仕事をもっていて、週末になるとここに来て働くというわけだ。

　農場では、野菜、根菜、香辛料、花、ベリーなどを栽培していて、それらを農場を訪れる人や通りがかりの人に販売している。また、これらの農産物は地域の直売所でも販売している。休耕地では50頭のヒツジが草を食べていて、再び耕地として利用されるときまで雑草や低木が生えないように維持されている。農場ではヒツジの肉、毛、皮革の生産・販売を行っており、別の5エーカー（約2万㎡）の農場では干し草づくりも行っている。

指針は持続可能な農業

　「持続可能な食糧生産」というのがマスクリンゲン農業組合の指針である。農場では、持続可能な農業を実践しながら、外部の人々に教えるためのコースを開講したり、ワークショップを実施したりしている。農場を始めた当初はやせた土地を肥やすために苦労したが、今では灌漑用のポンプに風力と水力を利用したり、省エネルギーの食糧生産技術を実験したりしている。また、近代農業が収穫量を最大限まで上げることを目標としているのに対して、ここでは適量の収穫を目指している。これは、土壌および植物に含まれている養分が地下水に浸出して海に流れ出ることのないように養分を保持およびリサイクルするやり方である。

　マスクリンゲン農業組合は、自らを「商業的な農場よりも化石燃料のエネルギーを使わずに食物を生産することができるし、またそうするべきだという信念に基づいて運営しているコミュニティ農場だ」と説明している[原注19]。また組合員は、いかに従来の西洋式の食糧生産と食糧加工が化石燃料に頼ったもので、エネルギー集約的なものになってしまったかを指摘している。

　従来型の食糧生産システムは労働量の面では効率を向上させたが、エネルギ

ー利用の面では逆に効率を悪化させた。マスクリンゲン農業組合は近隣のルーレオ工科大学の学生と協力し、農場に投入されるエネルギーのうち最終的に食物のエネルギーとなるのはどれだけかを分析し、エネルギー利用のさらなる削減方法を研究している。(原注20)

食糧の生産に使用されるエネルギーの割合

ある学生による調査の結果、組合の経営する農場で生産された野菜を食べて得られるエネルギー量は、それを生産するために使われたエネルギーの約4倍になることが分かった。この学生は、さらにマスクリンゲン農業組合の状況とアメリカのそれとを比較した。アメリカの食糧生産システムでは、1カロリーの食糧を生産するために6カロリーのエネルギーが使われている。物流と包装を含めた場合は、1カロリーの食糧を生産するために10カロリーのエネルギーが必要とされている。(原注21)

持続可能な農業技術

当初、堆積物ばかりでやせていた土壌を改善するために、マスクリンゲン農業組合のメンバーは土壌中の有機物と養分を増やし、より多くの微生物が活動できるようにした。つまり、もともとの土壌に堆肥や葉、そしてヒツジの糞堆肥と鶏糞を混ぜて表土をつくったり、空中の窒素を固定する働きをもつインゲンやエンドウなどのマメ科植物を植えたりした。また、既存の土壌にはミネラルが乏しかったので直接リン酸塩を投入したりし、野菜の苗床を覆うためには古い干し草をたくさん使った。そのうえ、尿分離トイレから尿を回収して水で希釈して苗木に撒いたりもした（体内で殺菌された尿は、植物の生育に必須の窒素とリン酸という二つの養分をバランスよく含んでいる）。(原注22)

マスクリンゲン農業組合のメンバーは、上記の方法を用いてミミズが多く生息する肥沃な表土をつくることに成功した。ミミズが土壌を掘り進み、排水力を高めて土壌を肥やしたのである。

菜園と苗床の中央には、カエル、サンショウウオ、トンボ、鳥が生息する生物多様性に富んだ池を造った。この池の水は、地下水を風力ポンプで汲み上げたものである。また、農場全体に水と養分を供給する灌漑システムには、この地下水と近くにあるルーレオ川の水を水力ポンプで汲み上げて利用している。

マスクリンゲン農業組合は、いかに都市部や郊外に住む人々が、化学物質や莫大なエネルギーを消費することなく地元で食糧を生産して備蓄することが可能であるか、そしていかに環境を汚染することなく養分をリサイクルもしくはリユースできるかを実証している。(原注23)

✦ 小規模な家族経営の農園が有機認証を受ける

カーリックスコミューンのはずれに、1600年代から続く農場で有機農場と有機酪農場を経営している家族がいる。マリア・ルンドベック（Maria Lundbäck）とミカエル・ルンドベック（Michael Lundbäck）夫妻である。夫妻は1980年代からこの農場を管理しており、所有している50エーカー（約20万㎡）の土地のほかに借りている60エーカー（約24万㎡）の土地を利用して耕作や放牧をしている。農場にはさらに600エーカー（約240万㎡）の森林があり、そこでは森林が再生できるかぎりの択伐を行っている。伐採した材木は主に窓枠に使われ、これら材木による収入が農場収入の30％を占めている。

夫妻は、干し草、牧草、オート麦、大麦のほかに、ニンジン、レタス、キャベツ、カリフラワー、ブロッコリー、カボチャ、キュウリ、インゲン豆、タマネギ、ニラネギ、エンドウ豆などの野菜の栽培も行っている。これらの農作物はすべて有機栽培で、地元カーリックスコミューンの雑貨屋や市場において販売している。

ルンドベック夫妻が来る前には、この土地は従来型の農法で耕作されていた。つまり、害虫駆除のために農薬が使用されたり、作物の成長を早めるための化学肥料が使われていたわけだ。スウェーデンでは、国の有機認証を受けるためには、最低１年間にわたって農場で殺虫剤、化学肥料、除草剤などの化学物質

第 8 章　持続可能な農業――地元で健康的に栽培する

干し草は、スウェーデンの伝統的な干し草倉庫で空気乾燥される。干し草が充分に乾いたら、倉庫の枠の棒を取り外して落ちた干し草を自然にまとめる。一つの倉庫には、約 1 トンの干し草を積み込んでいる。

農業を営むルンドベック夫妻は、自分たちの有機農場と有機酪農場で、有機野菜とオーガニックの牛乳、そして持続可能な方法で伐採した材木を生産・販売している。

をまったく使用しないという条件がある。

　夫妻は1993年に有機栽培への転換を始め、それ以来、害虫駆除のために化学物質を使ったことは一度もない。その代わり、多様な作物と花を植えることによって、一種類の害虫が作物を全滅させてしまうという単一栽培の農場が負うリスクを回避している。農場では、作物とクローバーを交代で植えている。クローバーは土壌に窒素を補給し、そのうえ蜂を呼び集めるので害虫駆除にもなっている。また、土壌には牛肥が施されているために化学肥料を散布する必要がない。

　有機栽培では工業化された農業と同じ量の作物を生産することができないかもしれないが、認証を受けた有機農産物は、スウェーデンでは通常の農作物より1.5倍の販売収入を得ることができる。また、通常、政府は農家の収入を安定させるために30％の補助金を支給しているが、認証を受けた有機農場には補助金を50％に上げることもある。

ここの乳牛は、化学肥料と農薬を使わず有機栽培された干し草と牧草を食べて、オーガニックの牛乳を出している。乳牛はみな健康で丈夫なので抗生物質はいらないし、牛乳を出させるために人工ホルモンを与える必要もない。

ルンドベック夫妻は、「ノールメエリエル（Norrmejerier）」と呼ばれる農業組合に参加して酪農にも携わっている。12頭から15頭の乳牛を飼っており、そのほとんどがジャージー牛だが、数頭のスウェーデン在来種もいる。また、農場には農地を耕す馬が4頭いるので、化石燃料を使用するトラクターなどの機器に頼る必要もない。もちろん、牛や馬からの畜糞は農地に散布されている。

ルンドベック夫妻によれば、カーリックスでは化学肥料の代わりに畜糞を利用することでコストダウンができることに気づいた農家が増えているということだ。

乳牛の飼料は化学物質を使わない牧草と干し草だが、ルンドベック夫妻は牛乳の有機認証を申請していない。「組合がまだ有機認証牛乳に対する割増料金を支払わないため、労力をかけて認証を受けるだけのメリットがないのだ」と、ミカエルは言っている。また、この近辺では有機牛乳があまり多くはつくられていないので、ほかの牛乳と混合された状態で回収されてしまうという問題がある。しかし、このような状況の中でも、2001年の時点でミカエルとマリアは酪農場で新たに有機チーズをつくり始める計画を立てている。

◆ コストサービス（配食センター）——有機農業は「エコ・ニッチ」

オーバートーネオコミューンでは、ある公的機関が学校と保育園、そして高齢者のために一日1,000食の食事をつくっている。この公的機関は「コストサービス（kostservice）」と呼ばれ、二つの学校と11のデイケアセンターに食事を運び、自宅にいる高齢者に毎日昼食と夕食を配達している。また、オーバートーネオ市庁舎の別棟にレストランがあるが、そこを「スウェーデンで一番のレストラン」と呼ぶ客もいる。

コストサービスの使命は、客に健康的でバランスのとれた食事を提供することである。食材は基本的にこの地域で栽培されたもので、有機のものが主となっている。また、ベジタリアン用のメニューも毎食用意されている。

コストサービスの料理は、スウェーデンの有機食品生産に関するNPOの

「KRAV」(クラブ)(次節を参照)から認証を受けており、最低でも週に一度は100％KRAV認証の料理を提供している。また、KRAVのスタッフは年に一度、基準がきちんと満たされているかを監査するためにここにやって来ている。スウェーデンには、このコストサービスを含めて、KRAVが認証するレストランと業務用の調理場が225ヵ所にある。

　コストサービスは、オーバートーネオがエココミューンに変わっていく過程で生まれた200以上のエコ事業の一つで、地元に13人の雇用を生み、100万USドル（約1億1,600万円）を超える年間収入を稼いでいる、成功した事業の一例である。

「KRAVは有機であることを保証する」
(KRAVのパンフレットの題より)

　KRAVは、スウェーデンの有機食品市場におけるキープレーヤーである。農業と環境の専門家、農家、消費者、動物愛護の活動家、食品業界のメンバーで構成される独立的な委員会によって運営され、有機食品の基準を開発したり、基準に照らして監査したり、国内で有機認証食品の普及を促進したりしている。KRAVが基準に従って監査して認証を与える対象は、野菜や肉などの食品、農地、業務用調理場やレストラン、農場や酪農場、屠殺場である。国内の5,000にも上る農家、食品加工者、レストラン、小売店が、KRAVと協力して有機認証を維持している。

　KRAVの国際部局である「KRAVコントロール（Kontroll）」は、世界中、主として発展途上国の農家と食品加工者の4万人以上と活動している。認証を受けるには、活動の規模の大小は問われない。例えば、前述のルンドベック夫妻もKRAVと協力して事業をしているし、エコホテルとして有名なスカンディックホテルチェーンは、2001年に経営するすべてのレストランでKRAVの有機認証を受けている(★5)。

★5　101ページの注も参照。認証ラベルについては、197ページを参照。

有機認証の原則

　KRAVの基準は、「健康的な環境」、「適切な畜産」、「健康な身体」、「社会的責任」の四つの原則に基づいている。KRAVが認証する農業では、化学物質からつくられた殺虫剤と除草剤、そして化学肥料はいっさい使用していない。その代わりに、作物を輪作することで雑草や害虫を駆除している。連作を続けた場合には土の養分は失われていくが、輪作した場合は逆に養分が加わっていくのだ。肥料に関しては、認証を受けた農場では家畜の肥やしを用いているが、それは大抵自分のところで飼育している家畜から得ている。

　KRAVは、その基準に予防原則も導入している。つまり、「満場一致で無害だと証明された」食物や物質以外の認証は差し控えているのだ。この原則に基づいて、遺伝子組み換え生物やそれに基づく製品にはいっさい認証を与えていない。認証の基準が満たされているかどうかを確認するため、KRAVは会員と協力して、農地から食卓に至るまでのすべての過程を調べている。畜産場、酪農場、屠殺場が認証を受ける場合、牛、豚、羊、ニワトリなどの家畜が屋内でも屋外でも放し飼いにされていること、有機飼料を食べていること、生活や出産のために充分な広さが与えられていること、そして屠殺の方法にも条件があり、屠殺時だけでなく屠殺前も命を尊重して動物に配慮した方法で扱われること、などが要求されている。

健全で責任のある労働環境の基準

　KRAVはまた、農場や加工場の労働者に対して健全で安全な労働環境を保証している。これは特に、発展途上国にいる4万人ものKRAVの生産者にとっては重要なことである。なぜなら、途上国では農場や食品生産において有害な化学物質や毒物の使用が急増しているからだ。KRAVの基準を満たしていないと判断された農場や食品生産者は、認証を取り消されることになる。KRAVの社会的責任に関する基準は、農家と労働者が適当な額の賃金を受け取り、安全で健康的な環境で働くことを規定している。

KRAVはまた、社会に説いていることを自らも実践している。例えば、監査出張のために消費された化石燃料の量や、紙の使用量とリサイクル量などの自らの環境パフォーマンスを記録しているのだ。そして、KRAVのスタッフ自らが自分の生活における環境対策を改善する取り組みを続けている。

有機農産物市場を追う

KRAVは、有機食品生産に関する国内外の動向を追っているわけだが、それによると、認証を受ける人が急増しているようだ。このことは、ルンドベック夫妻が指摘したように、有機認証食品とその生産者が市場で利益を享受しつつあることを示している。認証を受けた農家と食品業界者に対して行われた調査によれば、回答者の93％がKRAV認証を得たことによって市場におけるメリットを享受できると信じている。

また、調査からは、スウェーデンの消費者の93％がKRAVのラベルを環境と品質を保証するものとして認識していることも明らかにされている。つまり、認証取得者と消費者が認めるように、KRAVのラベルは「有機であることを保証」しているわけだ。(原注24)

（原注1）　Janine Benyus, *Biomimicry,* Quill William Morrow, 1997, p.20.

（原注2）　Paul Hawken, Amory Lovins, and L. Hunter Lovins, *Natural Capitalism : Creating the Next Industrial Revolution,* Little Brown, 1999（ポール・ホーケン、エイモリ・B・ロビンス、L・ハンター・ロビンス著／佐和隆光監訳『自然資本の経済──「成長の限界」を突破する新産業革命』日本経済新聞社、2001年）

（原注3）　The Safe Allianceのために制作されたレポート、Angela Paxton, "The Food Miles Report : The Dangers of Long Distance Transport," 1994.による。Nicky Chambers, Craig Simmons, Mathis Wackernagel, *Sharing Nature's Interst,* Earthscan Publications, 2000, p.88.からの再引用。

（原注4）　Janine Benyus 前掲書、p.20.

186　第8章　持続可能な農業——地元で健康的に栽培する

（原注5）　Janine Benyus 前掲書、p.19.
（原注6）　Richard T. Wright and Bernard J. Nebel, *Environmental Science,* 8 th edition, Pearson Education, Prentice-Hall, 2002, pp.416-417.
（原注7）　J. Jeyeratnam, "Acute Pesticide Poisoning : A Major Global Health Problem," *World Health Statistics Quarterly* 43, pp.139-143, 1990.による。Joe Thornton, *Pandra's Poison,* MIT Press, 2000, p.300.からの再引用。
（原注8）　C.S. Stokes and K.D. Brace, "Agricultural Chemical Use and Cancer Mortality in Selected Rural Counties in the U.S.A.," *Journal of Rural Studies,* 4, 1988, pp.239-247.による。Sandra Steingraber, *Living Downstream,* Vintage Books, Random House, 1998（サンドラ・スタイングラーバー／松崎早苗訳『がんと環境——患者として、科学者として、女性として』藤原書店、2000年）。
（原注9）　Physicians for Greater Social Responsibility, *In Harm's Way : Toxic Threats to Child Development,* Physicians for Social Responsibility, 1999.
（原注10）　Theo Colburn, Dianne Dumanoski, and John Peterson Myers, *Our Stolen Future,* Penguin Books, 1996（シーア・コルボーン、ダイアン・ダマノスキ、ジョン＝ピーターソン・マイヤーズ／長尾力・堀千恵子訳『奪われし未来』翔泳社、1997年）
（原注11）　Richard T. Wright and Bernard J. Nebel,前掲書, p.599.
（原注12）　Paul Hawken, Amory Lovins, and L. Hunter Lovins, 前掲書, p.191.
（原注13）　Janine Benyus 前掲書、p.195.
（原注14）　Organic Trade Association, "Industry Statistics," <www.atoexpo.com/industrystats.htm>
（原注15）　KRAV, *2001 KRAV Annual Report,* 2001.
（原注16）　Organic Trade Association 前掲書。
（原注17）　バイオダイナミック農法と従来型農法の比較に関しては、B. Stonehouse, ed., *Biological Husbandry : A Scientific Approach to Organic Farming,* Butterworths, 1981.中の H.H. Koepf, "The principles and practice of biodynamic agriculture," pp.237-250.
　< http : //attra.ncat.org/attra-pub/biodynamicap 1.html>を参照。
（原注18）　ローゼンダール農園に関する情報は下記による。
　①ローゼンダール農園の植物学者、Lisen　Sundgren 氏の談話。2001年8月5日、ローゼンダール農園にて。
　②"The Rosendal Garden : An Introduction," The Friends of the Rosendal Gar-

den, Rosendalsterassen 12, Stockholm, Sweden, n.d. EcoParkに関する情報は、"Stockholm : Clean and Green," City of Stockholm, n.d.より。

（原注19）　www.grogrund.net/maskringen/main.html

（原注20）　Kretsloppsföreningen Maskringen, "Basic ideas and practical activities of the Maskringen self-sustainers,"未刊行。

（原注21）　Janet Tallman, *An Inventory of the Flow of Energy Through a City Farm*, Luleå University of Technology, December 1999.米国のデータは、Hall, Cleveland, and Kaufman, *Energy and Resource Quality*, John Wiley and Sons, 1986.より。

（原注22）　尿の肥料としての利用については、本書「第4章　環境配慮型住宅」を参照。

（原注23）　マスクリンゲン農業組合についての情報は下記による。

　①Nils Tiberg氏による談話、2001年8月15日、イエッドヴィークのマスクリンゲン農場にて。

　②Kretsloppsföreningen Maskringen, "Basic Ideas and Practical Activities of the Maskringen Self-Sustainers,"また<www.grogrund.net/maskringen/main.html>も参照。

（原注24）　この節の情報に関しては、*KRAV, 2001 KRAV Annual Report,* 2001.および、<www.krav.se/arkiv/rapporter/AsredEngelska.pdf>か<www.krav.se>を参照。

第9章
廃棄物と向き合う

> 自然のものは、もともと地球上にあり分解される。しかし、人工物質の多くは難分解である。それが何であれ「消えてなくなる」ことはないのだ。
>
> （原注1）
ウィリアム・マクドーノグ、マイケル・ブランガー

◆ 「採る、つくる、捨てる」からエコロジカルな循環原則へ

　全米では、下水を含む1年間の廃棄物が1,134億トンに上っている。これは、アメリカ国民の1人が1年につき約454トンの物質を浪費した結果であり、その中にはカーペット、発泡スチロール、処分された食べ物、二酸化炭素中の炭素、産業廃棄物が含まれている。北米では、いくつかの地域でリサイクル率が改善されているというが、実際は排出される総廃棄物の2％以下（主に、紙、ガラス、プラスチック、アルミニウム、スチール）しかリサイクルされていない。

　『自然資本の経済──「成長の限界」を突破する新産業革命』を著したポール・ホーケンとエイモリ・B・ロビンスとL・ハンター・ロビンスによれば、「10年間で500兆ポンドもの資源が、生産には使えない固体と気体に姿を変えてしまう」。(★1)(原注2)そのうえ、廃棄物処理、埋立地の閉鎖、厳しい焼却規制、有害物質の処理管理などによって増え続ける費用や問題など、廃棄物を処理する地方自治体

「採る、つくる、捨てる」からエコロジカルな循環原則へ 189

の負担が増加しているとされている。

　では、このような様々な問題点を前にしてコミュニティはどうすべきだろうか。強制的なリサイクルプログラムを採用するのも、たぶん選択肢の一つであろう。しかし、リサイクルは、それ自体で充分に問題を解決できるわけではない。むしろリサイクルは、行き過ぎた消費という旧弊を単に和らげる一時しのぎにすぎないのかもしれない。実際、北米で使われている原料の99％が、商品となって販売された後、6ヵ月以内に捨てられているのだ。ビル・マクドノーグは、持続可能な解決をするためには、「それほど悪くない」製品ではなく「100％よい」製品をつくるべきであると言っている。つまり、製品設計の段階でリサイクルを考慮し、リユースできるか生分解できるように設計することである。

> もし、我々が再生不可能な資源をゴミとして出し続ければ、それらの資源の値段や廃棄物の処理費用は必然的に上昇するだろう。
> （原注3）
> （カール＝ヘンリク・ロベール）

　他方、廃棄物に対する取り組みは消費のパターンも変える。2人のカナダ人科学者が、資源消費と廃棄物発生に特有のパターンを土地面積に換算する「エコロジカル・フットプリント」（★2）と呼ばれる指標を考案した。この2人の科学者によると、平均的なアメリカ国民のエコロジカル・フットプリントは約5.1ヘクタール（約5万m^2）で、世界中で最も広いものとなっている。ちなみに、世界平均は約1.8ヘクタール（約1.8万m^2）である。

　たとえすぐに我々が「100％よい」製品の設計を始めて資源の消費を半分まで削減したとしても、この社会がすでに生物生存圏に危険物や毒性物質をつくり出して物質を大量に廃棄していることは変わらない。そのうえ、現在使われている製品や物質も最終的には廃棄物となるわけだ。埋立地は現在満杯状態で閉鎖され続けており、焼却する方法には問題が多い。

★1　ポール・ホーケンは、ナチュラル・ステップ・アメリカの初代会長。3人とも、環境問題のオピニオンリーダー。
★2　一国のライフスタイルの負荷を計算して表す。つまり、一人の人間が生活するために地球のどのくらいの表面積を必要とするかを、各国のエネルギーや食糧の消費量より算出して表す。消費が多いほど値も大きくなる。81ページの注も参照。

では我々は、増大する大量の生分解しない物質をどうすればいいのだろうか。それには、これ以上新しい原料を採掘して消費するのではなく、地上にすでに存在している製品の原料を繰り返し再利用するという方法しかない。

本章では、スウェーデンのエココミューンが、それぞれ異なった事情や状況の中でどのようにエコロジカルな循環原則を当てはめて廃棄物処理に取り組んでいるかについての事例を下記のような内容に基づいて紹介していく。

❶北スウェーデンにあるロンシャール（Rönnskär）精錬所は、電化製品の廃物や捨てられたコンピュータから金属を回収し、リユースしている。

❷北スウェーデンのルービッカ集落は、廃棄物の90％以上をリサイクルしている。

❸南スウェーデンのエークショコミューンは、楽しく社交的な方法で家庭ゴミを減らすために住民のエコチームを支援している。

❹エスキルストゥーナとエークショの両コミューンは、人工的な湿地を造って都市下水の処理に自然の循環プロセスを利用している。

> 2004年までに、3億1,500万台以上のコンピュータが旧式になると予想される。それらは、約54,000トンの鉛、約907トンのカドミウム、約181トンの水銀、約544トンの六価クロムを含むと見積もられる。
> 「カンサス・シティ・スター紙」(原注8)
> （2000年5月9日）

火と鍛治の神ウルカヌスがロンシャール精錬所で精力的に働く

ロンシャール精錬所は、北スウェーデンのボーリデン地域のイエリヴァーレコミューンに位置している。スウェーデンで唯一の精錬工場で、銅、鉛、金、銀といった金属を抽出してリサイクルする世界最大の施設の一つである。貴金属のリサイクルはボーリデン地域においては新しい習慣ではない。何千年も前の昔から、バイキングは二次原料から金や銀を抽出してリサイクルをしていた。

今日、リサイクルされる物質のうち、銅の20％、金の40％、亜鉛の80％をロンシャール精錬所で精錬している。精錬所の統計では、世界で取引される全廃

棄金属の30%がこの精錬所に運ばれているという。列車やトラックや船によって運ばれた金属廃棄物は、コンベアーに積まれて直接工場に搬入されてくる。もし、金属廃棄物やリサイクルする物質が足りないときは、銅を多く含む廃棄物や近くの鉱山から掘り出した金属、もしくは世界市場で購入した金属を使っている。

　工場は、リサイクル用にスチールを粉砕したゴミから亜鉛硬質煉瓦（酸化亜鉛ともいう）も抽出している。また、工場で副産物を精錬する際、砂鉄あるいは粒状のくずが出るわけだが、砂鉄のすぐれた断熱性と排水特性は道路建設や家の土台に適しており、減少しつつあるスウェーデンの自然資源である天然の砂利の掘削や消費を低減することになる。

　鋳物工場や真鍮・青銅産業から発生する銅や亜鉛の燃えかすの多くは、二次原料、つまりリサイクル用の産業副産物として工場に供給される。ロンシャール精錬所もまた、遠距離通信に用いられるワイヤーやケーブルのくず、捨てられたコンピュータのモニター、機械付属品のくずを加工している。抽出した金属は、純粋な状態に戻されてヨーロッパ中の顧客のもとへ売却されている。また、ここの金、銀、銅、鉛は、ロンドン金属取引所の高い基準を充分に満たしている。

ロンシャール精錬所は、再利用のために、金属くずから銅、銀、金、亜鉛を取り出している。

鍵は利益率

　ロンシャール精錬所の運営を維持するうえにおいて鍵となるのは利益率である。精錬所の運営は、1985年以来黒字を保っている。また、2000年には工場の

収入がコストより30％ほど上回った。

　ロンシャール精錬所の最も大きな予算項目は、全運営費の34％に当たる全従業員に対する給料である。ちなみに、原料のシェアは18％である。

　利益を出し続けるためにロンシャール精錬所はいくつかの操作を機械化し、従業員を減らす必要に迫られた。1986年には、2,000人の労働者が10万トンの銅を精錬していたが、2000年には850人の労働者によって23万トンを製造した。1998年から2000年の間に、ロンシャール精錬所のオーナーであるボーリデン社（Boliden Company）は、1億USドルの4分の1（約29億円）を工場の近代化および改装に投資し、結果として銅の生産能力がほぼ2倍になった。ボーリデン社の投資の30％が、工場の環境パフォーマンスの改善に向けられたわけだ。

環境負荷の削減

　ロンシャール精錬所は、エネルギー消費や排出を減らすためにも努力してきた。熱回収装置で精錬過程から熱を回収して、コンデンサー・タービンで電気を発電している。また、1985年から2000年の間に、金属生産を11％増加させる一方でエネルギー消費を20％減らした。30年前には二酸化硫黄を1年間に25万トン以上を大気に排出していたが、2000年までに二酸化硫黄の排出量は年間5,000トン以下になった。

　ロンシャール精錬所と公共の環境監査は、工場の環境パフォーマンスを詳しく調査した。最先端のコンピュータシステムが絶えず工場の煙突から出る排出物を監視しており、工業用地から1マイルから2マイル（約1.6km〜3.2km）離れたところから採取した空気のサンプルが特別な方法で測定されている。また、スウェーデンの食糧庁は地域で育った野菜のサンプルを分析している。工場の近くの水中に生息する軟体動物や魚も絶えずチェックされ、その分析値は過去において汚染されていた時代よりも改善されている。

　そして、ロンシャール精錬所は、注意しなければならないようなレベルのダイオキシンの排出をせずに年間25,000トンの電気製品の廃物を溶融している。この排出レベルはEUの規制値を充分に下回っているし、溶解プロセスでは危

険なハロゲン系難燃剤がほぼ完璧に破壊されている。これらにより、ロンシャール精錬所は総排出物を過去20年間で90％も削減した。

挑戦は続く

　ロンシャール精錬所の工場長は、リサイクル産業が全体として難問に直面していると述べる。第一に、多くの地域において、固形廃棄物は分別してリサイクルするより埋立てたほうが現状ではまだ安い。電気製品廃棄物に関するスウェーデンの規制では、リサイクル処理施設が地域内で利用できない場合、運送業者やコミューンが埋立地に電気製品の廃棄物を捨てる特例を現在でも認めており、また指導もしている。ロンシャール精錬所は電気製品廃棄物の処理能力があるが、事業で収益を出すだけの充分な分量を収容していない。

　第二に、「リサイクル市場は不安定だ」と工場長は言う。1997年、ロンシャール精錬所はリサイクル事業拡大の将来性を検討した。彼らは、鉱物を扱う第一市場、金属スクラップや電気製品を扱う第二市場を分析した。その結果、当時、発展途上国の第一市場が世界のリサイクル電気製品の第二市場よりかなり安定しかつコスト効率でも勝っていることを指摘した。また、コストを少なくするための改善策に時間と資源を割かねばならないリサイクル産業にとって、エネルギー効率が悪いという技術的な問題がもう一つの挑戦となっている。そのうえコミューンは、それぞれ特別なリサイクル手法、例えばある特定の製品や物質は手動で分解せよといった要求をしばしば突きつけたりするという問題もある。

　ロンシャール精錬所の工場長は、「これら一つ一つが、リサイクル産業にとってかなりの難問となっている」と述べている。

> 持続可能な社会では、自然の中で地殻から掘り出した物質の濃度が増え続けない。
> ——ナチュラル・ステップのシステム条件1 (原注9)

システムの成功を証明する

　これらの難問にもかかわらずロンシャール精錬所は、新たに純粋な金属を採掘して使うのではなく、すでに存在している金属を再生して再利用できることを証明している。結局、そもそも「100％よい」製品をつくろうとすれば、加工製品から素材を抽出し、それを産業界に戻して再利用できるように精錬するロンシャール精錬所のような施設が必要となる。

　工場長によれば、持続可能な金属の採掘や使用をすることは、資源の効率的な使用や利益が出る生産、そして最小限の環境影響を意味することになる。また、ボーリデン社によれば、ロンシャール精錬所は、低コスト、高金属回収率、リサイクル、そして最大限の環境配慮を行うことでこうしたことを可能にしている。火と鍛冶の神であるウルカヌスは、ロンシャール精錬所で実に熱心に働いているようだ。(原注10)

◆ ルービッカ集落――手袋の町、リサイクルの町

　パヤラコミューンにある人口約120人のルービッカ集落は、世界で最も多くの手袋（ミトン）を生産していることで有名だ。過去100年間、スウェーデンの軍隊のために手袋をつくってきたことは数ある功績の中でも特に際立っている。また、ルービッカにはもう一つ別の顔がある。ここでは、廃棄物のリサイクル率が91％という驚異的な数字を示しているのだ。

　集落は、1995年にゴミ処理の運営やリサイクルに関する独自のシステムをスタートした。そして、この自らつくったシステムで80％もの廃棄物を削減した。なお、平均的なスウェーデンのリサイクル率は50％といわれている。

　固形廃棄物の生産者責任に関するスウェーデンの法律は、国がリサイクルを強化する一方で、システムとしては地方より都市でのリサイクル努力を援助している。リサイクル企業は都市地域でリサイクルされる大量の物質からより高い収入を得るが、農村地域ではリサイクルから得られる収入が少ないためにリ

サイクル物質を回収しない集落がしばしば存在する。地方でリサイクルに取り組んで企業に回収させるために、ルービッカやカンゴスのような集落やパヤラのような農村では、複数の集落から出る各種のリサイクル物を結び付けるという戦略を発展させてきた。

リサイクル競争

　1990年代の中頃、パヤラコミューンの中にある54の集落のうち、どの集落が最も高いリサイクル率を達成するかを競うコンテストが開催された。

　パヤラはリサイクルのための収集場所の供給を増やしてコンテストを支援したし、ルービッカは国内でリサイクルする最多の品目数となる23種に分けたリサイクルを達成してこのコンテストで優勝した。それ以来、54集落の内52集落でリサイクル率が上がっている。

　ルービッカ集落の担当者は、「91％のリサイクル率を達成するのには二つの戦略が欠かせなかった」と言う。

　第一に、集落では前もって全世帯にリサイクルの重要性や世界的な動向との関連性を理解させ、ついで各家庭においてどのように廃棄物を減らしてリサイクルによって貢献できるかを理解させた。リサイクルのような地域活動がいかに自然を保護する一助となるかについて理解したことは、各人の行動を改善する新たな意義づけや動機づけとなった。そして彼らは、廃棄物を簡単に家の近くでリサイクルできるようにするために、集落の中心にある店の隣にその収集場所を設置した。

ルービッカ集落のシンボル

次に住民たちは、まず家庭ゴミを減らし、さらに彼らの廃棄物の90％から95％までリサイクルする目標を家庭ごとに設定した。そのうえにパヤラとルービッカは、人が出す汚物を管理するために革新的な手法を導入しようとしている。ちなみにパヤラは、下水をよりエコロジカルに循環処理する方法を導入するために「循環の完結（close-the-loop）」というコンテストを54の集落を対象に開催した。(原注11)

✦ エコチーム──家庭ゴミを削減して楽しむ

全住民が約17,000人のエークショは、住民のエコチームプロジェクトの組織化を支援したエココミューンの一つである。エコチームは、よりエコロジカルなライフスタイルを追い求める8世帯から10世帯で構成されたグループである。エコチームというアイデアは、家庭レベルでゴミを減らすために世界中で活動しているNPOの「グローバル・アクション・プラン」(★3)から生まれた。

エークショでのエコチームプロジェクトのアイデアは、コミューンの持続可能な発展計画プロセスの一部として開催され、多くの人々が参加した「未来のライフスタイル（Lifestyle of the Future）」というコミュニティイベントから発展した。イベントでは、エコチームのアイデアを学んだ出席者が、このプロジェクトをエークショで始めるのを手伝った。そして、そのイベントに続いて、80世帯（10チーム）が集まってミーティングの機会をもつなど熱心に活動した。またエコチームは、コミューンから情報や教育や援助を受けている。

エコチームがすること

エコチームでは、家庭ゴミを減らす方法を学んで実行に移すときにお互いに支援をしている。買い物を減らすことから始め、買う場合もなるべく包装されていない製品を選んで、食べ残しは堆肥化し、注意深く廃棄物を分類している。その結果、エコチーム世帯から出るゴミの量はリサイクルで急激に減らすこと

ができた。例えば、エークショのエコチームメンバーは、1年間で約44ポンド（約20kg）にまで家庭の廃棄物処理を減らしている。ちなみに、2000年度のアメリカ国民の平均は1,642ポンド（約744kg）である。[原注12]

　家庭ゴミを減らすことだけがエコチームの目的ではない。エコチームのメンバーは、「ノルディック・スワン（Nordic Swan）」や「環境によい選択（Bra Miljöval）」、そして「KRAV」のような環境ラベルを探し、エコロジカルにつくられた生分解性の製品を戦略的に買う方法を学んでいる。[原注13]より環境にやさしい製品を選んで購入するということは、このような製品の市場を拡大して生産を刺激し、最終的には消費者の購入価格を下げることになる。もう一つの利益として、エコ認定商品を生産する多くの企業もまた不要な商品包装を減らすことができる。

　エコチームメンバーは、自宅のエネルギー使用量をチェックして、ほかのメンバーがエネルギー使用量を減らす方法を見つける手助けもしている。例えば、エネルギー効率のよいローエネルギーランプなど、家のエネルギー消費を減らせる装置がどこで買えるのかといったアドバイスをお互いにし合っている。また、エコチームメンバーは、ガソリン車を使わないでコミュニティ内を移動する方法を模索している。エークショの中心部は小ぢんまりとしているので、車

名　　称	Nordic Swan	Bra Miljöval	KRAV
運営主体	北欧エコラベル委員会	自然保護協会	自然栽培コントロール協会
設立年	1989年	1987年	1985年
対象品目	紙製品・家庭用品・事務用品など6品目	紙製品・洗剤・おむつ等の日用品・電力・鉄道など13品目	エコロジー的栽培や飼育によって生産された農産物
マーク			

（資料提供：スカンジナビア政府観光局）

★3　イギリスの環境NGO。人々が家庭や学校、コミュニティで環境のためにできることを提案している。www.globalactionplan.org.uk

を使わずに自転車や徒歩で用事や買い物をすることも充分できる。

　これら以外にも、例えばバルコニーで蝶を呼び寄せる花を育てたり、庭に花や野菜を植えたり、コミュニティ内にある美しい自然エリアを訪れて愛でたりして、メンバー同士が生活の中で自然に触れる機会を増やすように努めている。そして、エコチームメンバーは地元で食べ物をつくることの重要性も学んだ。メンバーの大半にとっては、化学物質を含まない新鮮な食べ物を自分たちで育てて料理して食べることは初めての経験であったようで、充分に楽しんだようである。

コミュニティのエコチーム支援

　エークショは、一般の家庭がより持続可能な方法で生活をして自然への負荷を減らすようにするために、公の活動を通してエコチームや住民のエコロジカルな努力を幅広く支援している。エークショはまた、このメッセージを社会に広めるために、数年間にわたってテレビ、ラジオの広告やウェブを使ってアピールに努めてきた。最近では、地元の電話帳に持続可能なライフスタイルの手引きまで載せている。

　この手引きにおいて住民は、エークショの持続可能な未来へのビジョン、ナチュラル・ステップの四つのシステム条件、エコチームへの参加の機会、ゴミ減量やリサイクルのこつなどを学ぶことができる。また、家庭内のこととして、家庭用ボイラーでバイオマス燃料をどう使うか、エネルギーコストの削減方法、エコラベルのついた商品の探し方、トイレにトイレットペーパー以外のものを流さないことなどをこの手引きから学んでいる。(原注14)

◆ 下水処理——エーケビー湿地における処理場の成功

　エスキルストゥーナコミューンでは、89,000人の住民の約90％が生み出している1日1,200万ガロン（約4,440万ℓ）の下水を人工の湿地で浄化している。

コミューンのエネルギー・環境部門によって開発されたエーケビー（Ekeby）湿地は、スウェーデンで建設された湿地の中でも最大のものだ。コミューンの目的は、エスキルストゥーナ川やメーラレン（Mälaren）湖やバルト海に流出されている窒素やリンの放出を削減することである。

　1990年代初め、エスキルストゥーナは、総合的な持続可能な発展のためのプログラムの一環として川や湖の水質目標を設定した。1993年にイニシアチブの10年が始まり、最終的にはエスキルストゥーナ川の窒素やリンの濃度を半分に減らした。また、それだけでなく、地方の川から取水される都市用の飲料水に含まれる浮遊微粒子を減らすこともコミューンの目的となった。農業排水や産業排水を取り締まるコミューンの規制でこれらの排水の水位を下げることはできたが、不特定の汚染源はまだそのままだった。不特定源から拡散されるこの種の汚染は、河川水の栄養分が主要な原因だと判明した。様々な方法を検討したのち、下水処理の最も適切で効率的な手段としてコミューンの担当者は湿地の建設を決定した。

湿地の働き

　窒素やリンのようにそれ以上分解されない元素は、自然のシステムの中においては必要不可欠な要素であり、重要な役割を果たしている。しかし、濃度が上がりすぎるとエコシステムに過負荷が生じてしまう。この栄養分の増強とシステムへの過負荷を「富栄養化」という。[原注15]

　コミューンが所有するほぼ100エーカー（約40万㎡）の湿地は、栄養分と汚染物質を自然に、そして周期的に処理し、下水処理場から流出する水をさらに浄化する役割を果たしている。湿地のバクテリアは溶解した窒素を窒素ガスに変え、自然の沈殿プロセスは水中の浮遊粒子を減少させることになる。また、湿地の植物は、成長期には水中の栄養分や沈殿物を養分として吸収している。

　エーケビー湿地では、三つの池の水流が入り江にある運河に流れ込み、それから堰やダム（のシステム）を通ってもう一つ別の池へと運ばれている。水流がすべての湿地システムを通過するのには少なくとも1週間はかかる。

エスキルストゥーナにあるエーケビー湿地は、1日に1,200万ガロンの排水を処理している。また、渡り鳥の休息地でもある。

湿地は、水中から年間70トンの窒素を取り除き、リンをろ過してバクテリアを調節している。それがゆえに、湿地の水はリンやバクテリアが一般的な水質基準の10分の1と少ない。ちなみに、湿地を通過したあとの水は遊泳基準を充分に満たしている。

汚泥は、生物処理工程を加速化する「沈殿タンク」へと運ばれる。また、重金属も取り除かれる。消化された汚泥は肥料として使うことができ、「ビオムル (bio-mull)」と呼ばれる堆肥製品になる。この湿地施設は、汚泥からリンを抽出して再利用するアイデアも調査している。また、浄化された下水の熱を回収するためにヒートポンプや熱回収システムを使っている。そして、冬の間は湿地が凍るためにその働きは休止となる。

エスキルストゥーナコミューンは皮肉なことに、土地取得や湿地システム建設の許可をとるのが予定より遅れていたほかのコミューンからも湿地の建設に関する技術を学んだ。その後、さらに先進的な下水技術について学ぶために、1995年、国際的なシンポジウムに参加した。

野鳥の観察者によると、100エーカー（約40万㎡）にわたるエーケビー湿地は、200種以上の鳥を観察することのできる人気のある渡り鳥の休息地となった。湿地の技師によると、湿地には自然の美しさや野生動植物が楽しめるという魅力があるので、一般市民はこの種の下水処理法を好んでいるという。

さらに湿地システムは、運営費用が通常の処理システムの3分の1と安くなっている。エーケビー湿地の成功に基づいてエスキルストゥーナは、別の都市で飲料水として使われるエスキルストゥーナ川の支流であるタンドラ

(Tandla)川でもリンや窒素や浮遊物質の濃度を下げるために第二の湿地開発を進めている。また、エーケビー湿地に加えてエスキルストゥーナ・エネルギー環境局は、地域冷暖房供給システム、コージェネレーションバイオマスプラント、配電、リサイクル、遠距離通信などを運営している。(原注16)

エスキルストゥーナとコージェネレーションバイオマスプラントに関するより詳しい情報は、第2章で紹介している。

互いに学ぶコミューン——湿地による対策と持続可能な発展

エークショコミューンでは、訪問者は野鳥観察用の塔に上り、たくさんの鳥を眺めたりさえずりを聞いたりして、22エーカー（約8万㎡）にわたる湿地での自然の営みを存分に観察することができる。訪問客はニフスアープスマーデン（Nifsarpsmaden）湿地を見て、ここが、下水汚泥のリン、窒素、有機質、バクテリア、そして重金属を減らすためにエークショが建設した下水処理地域であるとは気付かないかもしれない。ニフスアープスマーデン湿地はエークショの中心から2、3マイル（約3.2km～4.8km）離れたところに位置し、エークショ川から湖を通って河口に流れ込んでバルト海に出る水を浄化している。

エークショの湿地を設計したもう一つの目的は、湿地の植物や動物の生物多様性を増やすことである。訪問客の観察力が優れていれば、たくさんの種類の花や鳥や昆虫、そして水中生物を見つけることができる。そして、このような生物を観察し、研究するために湿地を訪れている子どもたちや、双眼鏡や望遠鏡を巧みに使って野鳥観察をしている地元の人に出会うことができる。

協働する高地のコミューン

この湿地が「ホグランドコミューナルナ（Höglandskommunerna）」というスウェーデンの高地にある6コミューンによる並外れた協働作業の成果の一つであるということを、訪問者は気付かないだろう。エークショを含むこれら三

つのコミューンは、SeKom(セーコム)(スウェーデンのエココミューン協会、41ページ参照)のメンバーである。

　コミューンは、持続可能な発展プロジェクトのアイデアや手段を数年間にわたってブレインストーミング(自由討議)してきた。ほかのコミューンと同様、これら高地に位置するコミューンは定期的に集まって持続可能な発展の実施に伴う特有の問題を議論し、経験や実現可能な解決策を共有するためにSeKomの集まりに参加してきた。その結果、参加した全コミューンがより小規模でより良い下水処理方法を模索していることが分かった。そして彼らは、様々な処理方法の可能性を各自で探究するよりも、一緒に探究すれば時間、労力、そして費用を節約することができてメリットがあるかもしれないと認識した。

国境を越えたコラボレーション

　エークショの共同下水処理の努力はここで終わらなかった。1994年の「スウェーデン全国コミューン連盟」後援の国際友好プロジェクトを通して、エークショと南スウェーデンの七つのコミューンが北ポーランドの八つの自治体と一緒になって、いかに地方レベルで持続可能な発展を実現させるかを探求するための集会を開いた。

　この集会では、スウェーデンとポーランドの16自治体のすべてが、下水処理、埋立地、地域暖房システム、自然保護といった公共セクターに共通かつ類似の問題を共有していることが判明した。ちなみに、エークショは、ポーランドのバーリネーク市と継続的な協力関係を発展させている。

　彼らは、革新的な小規模下水処理方法について両国の国家公務員に周知するために、バーリネーク市で1997年に会議を開催した。会議がポーランド国内に告知されたときには世論において大きな反応があって、多くの人々がこの会議に参加したがった。会議は、全国テレビ、ラジオ、新聞で報道され、ポーランドの農業副大臣が講演を行った。

　この両市のコラボレーションはより深まり、現在においても継続している。試みの一つとしてエークショは、バーリネーク市が下水処理作業においてリン

の濃度を下げるために125,000USドル（約1,450万円）の補助金を獲得するのを支援した。その結果、バーリネーク市はポーランド国内の自治体のモデルとなる地方レベルでの持続可能な発展プランを展開し、エークショの担当者はバーリネーク市の持続可能な未来へのコミットメントに感銘を受けた。

両市の担当者の結論は、「問題はとても似ている。ただ違うのは、ポーランドに住んでいるかスウェーデンに住んでいるかだけだ」ということであった。[原注17]

国の廃棄物処理——スウェーデンのスナップショット

スウェーデン政府とEUは、コミューンや官庁を対象にした廃棄物処理とリサイクルに関する法律を可決した。1993年以降、スウェーデンの法律は、容器、包装、新聞、自動車、自動車のタイヤおよびバッテリーといった特定の製品について、生産者にリサイクルの責任を負わせるようになった。そして、2000年1月以降、可燃性のゴミをコミューンの埋立地に捨てることが禁止され、2005年1月からは国内法で埋立地への有機廃棄物の廃棄が禁止された。

国内および国際的な生産者に対する制限を増やすことが家庭や自治体に対する規制による負担を緩和し、廃棄物そのものを減らすことにも役立つことが明らかになってきている。

スウェーデン政府は、例えば製品の中に含まれる有毒な化学物質を減らすように電機製品のメーカーに要求するなど、廃棄物に対する生産者責任（メーカーと輸入元）の拡大を検討している。政府は、リサイクルのような廃棄に代わる方法をより経済的で魅力的なものにするため、2000年1月から埋立地に捨てる廃棄物に課税した。EUは、廃棄された自動車、バッテリー、ポリ塩化ビニール、容器包装、建築物の解体に伴う廃棄物などを規制する指令を検討している。EUはまた、生産者責任法の要求条件も吟味している。[原注18]

(原注1) William McDonough and Micheal Braungart, *Cradle to Cradle : Remaking the Way We Make Things Work,* North Point Press, 2002, p 103.
(原注2) Paul Hawken, Amory Lovins, and L.Hunter Lovions, *Natural Capitalism : Creating the Next Industrial Revolution,* Little Brown, 1999, p.52
ポール・ホーケン、エイモリ・B・ロビンス、L・ハンター・ロビンス／佐和隆光監訳、小幡すぎ子訳『自然資本の経済──「成長の限界」を突破する新産業革命』日本経済新聞社、2001年、101ページより引用。
(原注3) Karl-Henrik Robert, A Framework for Achieving Sustainability in Our Organization, Pegasus Communication, 1997, p.9
(原注4) Robert Lilienfeld and William Rathje, Use Less Stuff : Environmental Solutions for Who We Really Are, 1998, (William McDonough and Micheal Braungart, Cradle to Cradle : Remaking the Way We Make Things Work, North Point Press, 2002, p.50 から引用)
(原注5) Paul Hawken, Amory Lovins and L. Hunter Lovions, 前掲書, p.81
(原注6) William McDonough and Micheal Braungart, 前掲書, p.67
(原注7) Mathis Wackernagel and William Rees, *Our Ecological Footprint : Reducing Human Impact On the Earth,* New Society Publisher, 1996.
マティース・ワケナゲル、ウィリアム・リース／和田喜彦監訳『エコロジカル・フットプリント──地球環境持続のための実践プランニング・ツール』合同出版、2004年。
(原注8) カンサス・シティ・スター、2000年5月9日。
(原注9) Robert, 前掲書. p.65
(原注10) ①2001年8月14日の工場見学と②スウェーデン、シェレフテハムン(Skelleftehamn)、ブリーデンで行われた「新しいロンシャール」、「ロンシャール2001」と「環境ファクト2000：ロンシャール精錬所」からロンシャール工場についての情報。
(原注11) 2001年8月16日に行われたルービッカ集落の組合メンバーの Eino Frikvist 氏による談話に基づく。
(原注12) John W. Wright, ed., The New York Times Almanac 2003, Penguin Reference, 2002, p.777
(原注13) KRAV 環境ラベルについて詳しくは、「第8章 持続可能な農業──地元

で健康的に育てる」を参照。

(原注14) 「エークショの持続可能なアイデアの入門書」と、Sven-Åke Svensson、アジェンダ21のコーディネーター、エークショ、未発表紙、2001年8月9日に基づくエークショ・エコチームによる情報。

(原注15) 富栄養化：水中の栄養素とそれを常食とする藻類のバランスが崩壊した状態。栄養素の増加が急速な藻類の成長を引き起こす。枯れた藻類の超過は、藻類の分解者であるバクテリアの急激な増加をもたらす。溶解した酸素で呼吸するバクテリアの量が多すぎると、同じく溶解した酸素を使って呼吸する生き物、例えば魚や貝が窒息死する。そのうえ、水中に浮遊する粒子が、水の生態系という自然な光合成プロセスにエネルギーを補給する太陽光を遮断する。このシステムの崩壊が水質汚染の一因となる。

(原注16) Information about the Ekeby wetland based upon 1) a talk given by Leif Lynd, Eskilstuna Energi & Environment, Eskilstuna, August 6, 2001 ; and 2) "Our Name is Our Line of Work", Eskilstuna Energi and Environment, undated brochure ; 3) "The Tandlaa project : Constructing Wetlands in the Agricultural Landscape", Eskilstuna Energi and Environment, 1999. See also <www.eskilstuna-em.se> (Swedish only)

(原注17) Information about Eksjo's Wetland Nifsarpsmaden and regional and Polish community collaborations from 1) "Welcome to the Wetland Nifsarpsmaden", municipality of Eksjo, unpublished paper, n.d ; and 2) "Introduction to Sustainable Ideas in the Municipality of Eksjo", Sven-Ake Svensson. See also <www.eksjo.se>

(原注18) *Swedish Waste Management 2000*, "Towards Sustainable Development − the Implementation of Political Decisions," 2000. <www.rvf.se/avfallshantering_eng/00/rub4.html>

第10章
自然資源——生物多様性の保護

「あなたたちが自然資源と呼んでいるものを、私たちは親族と呼ぶ」
(★1)(原注1)
オリエン・ライオンズ、オノンダガ部族の信仰指導者

◈ なぜ、自然資源は重要か

　アメリカやカナダの自治体の基本計画、都市基本計画、総合計画などで、読者は「自然資源」と記された章をひんぱんに見かけることになる。その章には、湖、池、湿地帯や森、未開発地、野生動物の生息地などの一覧表が掲載されている。都市計画に入念なプランを要求する州では、土地利用、住宅、交通、経済開発、公共施設などと並んで自然資源に関する項目を必須としており、ほとんどの市町村では自然資源に配慮した都市計画を採用している。さらに、多くの自治体に自然保護委員会があり、湖、池、湿地帯などの水域に対して責任をもって管理している。
　ところで、なぜ森や川、野生動物などは私たちにとって重要なのだろうか。私たち社会に生きる人間は、本当に生物多様性の重要性を理解しているだろうか。おそらく水は、生き物にとって最も重要なものとしてその大切さが理解されている。人間の身体を機能し続けさせるためだけでなく、生きていくうえで必要なものすべてが何らかの形で水を原料としていることはいうまでもない。加えて、樹木が生活に必要不可欠な資源であることも、私たちの身の周りにあ

るものを見れば分かることだ。

　ここ数十年間にわたり、自然資源が私たちの快適な暮らしとどれほど深い関係にあるかが徐々に明らかになってきた。例えば、湿地帯は漁業資源を育んで洪水防止に役立っている。そして、普段は忘れられがちだが、木々は酸素を出して二酸化炭素を吸収している。植物は私たちの食生活の基盤であり、大きな空間、小川の流れる音や鳥のさえずりも私たちの生活を豊かにしてくれている。忘れがちなのは、これらすべてが私たちの命を支えている自然資源であるということだ。食を支える植物、そして酸素や水がなくなれば私たちは存在できないのだ。

　それでは、人間とは直接関係しない動物や、普段目にしない動物までをどうして大切に保護しなければいけないのだろうか。そのような多様性を守ることはなぜ大切なのだろうか。これに関しては、今までに多くの講義が行われ、本が書かれたり科学的論争が繰り広げられ、その結果、活動家が投獄されたりもしてきた。

> 自然が物理的な方法で劣化しない。
> ナチュラル・ステップのシステム（原注2）
> 条件3

　「私が最もよく聞かれることは、ある生物種を壊滅させたらその種を取り巻く生態系は破壊されてしまうのか、そして、その生態系が破壊されたら続々とほかの種も絶滅してしまうのか、だ。私の答えは、『そうなるかもしれない』である。一つしかない私たちの地球で絶滅が起きうるのは一度きりだ。起こってしまってからでは遅いのだ」（原注3）と、生物学者のE・O・ウイルソンは言った。（★2）

　生物学者や生態学者の中には、生物多様性を、ある地域で何かが失われることを防ぐための保険のようなものと説明する人もいる。彼らによれば、あるエコシステムにおいて他の種の存続に関わる柱となる生物種があり、その種が絶滅する可能性は充分にあるという。（原注4）ひょっとしたら、農業のような分野のほう

★1　ネイティブ・アメリカンの部族。オノンダガとは彼らの言葉で「丘に住む人々」の意。イロコイ族の五つの部族の一つ。ニューヨーク州のオノンダガ郡を故郷とする。
★2　E.O.Wilson(1955〜1997) ハーバード大学生物学教授。アメリカで有名な科学者であり自然保護推進者。

が生物多様性の重要性を理解しやすいのかも知れない。単一栽培をしている畑に比べて多様な種類の作物を植えている畑の場合は、疫病に襲われたときに完全に壊滅するリスクをかなり削減することができる。

　自然の複雑性は、取り返しのつかない事態になってからでないとその謎が解けないことにある。2人の科学者は言った。

　「種が絶滅したとき、私たちは何を失ったかを知ることができる」

　そして、生物の多様性を失うことを、飛行中の飛行機からネジがはずれていくことにたとえている。

　「飛行機が墜落するまでに、いったい何個のネジをはずすことができるのだろうか？」(原注5)

　しかし、これらの問いに対する答えがないにもかかわらず、絶滅危惧種や生物多様性を育む自然、例えば森林、湖や海、湿地を守る動きは世界中でやまない。以下では、スウェーデンの二つのコミューンのエコシステムにおいて、どのように天然のサケの保護活動を行っているかを紹介する。

✦ ファルケンベリコミューンの取り組み——天然のサケを守る

　スウェーデンの西岸から北海に流れ込む23本の川の一つであるアトラン（Atran）川はファルケンベリ内をゆっくりと流れており、スウェーデンの中でも最高級のサケが釣れることで有名だ。(原注6)

　ファルケンベリにとってサケは大切なシンボルとなっている。サケ漁は16世紀から主な収入源になり、人々の生活において重要な位置を占めてきた。1826年以来変わらぬ製法をとっているスウェーデン最大のスモークサーモン産業も、ファルケンベリを拠点としている。1980年代には、サケ漁が市長の給料を稼いでいるとまで言われたぐらいである。

　1900年代中頃、アトラン川に生息するサケの固有種は数が減り、絶滅の危機に晒された。生物学者の調査の結果、同じ遺伝子をもつサケはスウェーデンの

他の地域に生息しないことが分かった。このサケの減少は、ファルケンベリが環境問題を考える一つの重要な指標となった。

　アトラン川の水は、数十年間にわたって工場廃水や酸性雨によって汚染されてきた。酸性雨は海水中でのサケのえらの機能を低下させ、1970年代後半には、サケが通常耐えうるよりも1,000倍も強い酸性となっていた。そして、ファルケンベリコミューン当局は、川の水を元に戻すために1978年から石灰を入れる対策を始めた。この対策は現在も続けられており、このおかげで毎年約4,000匹のサケが産卵時期には川を遡上している。

　しかし、ここのサケの危機はこれに留まらなかった。ノルウェーやデンマークで養殖されているサケが養殖場から逃げ出し、ファルケンベリの固有種のサケとともにアトラン川を上って異種交配をしてしまったのだ。これでは何世代も交配が続くうちに固有種のサケが絶滅する危険があると、コミューンは再び行動を開始した。

　コミューンは固有種の遺伝子を保護しようと、アトラン川を遡上するサケを一匹一匹調査し、他種のサケの侵入を阻止するために二人の生態学者を雇った。彼らは、下流域にある昔の製粉場の下にあるダムに拠点を置き、上流へ向かうサケをダムの隅に設置したプールに一旦集めた。それぞれのサケがファルケンベリの固有種であるかどうかを確認して、固有種のみを上流につながるタンクに移すという作業を産卵時期の間毎日行った。これにより、固有種は産卵の旅を続けることができたが、固有種でないサケは生活保護を受けている家庭などの食卓に上った。

　天然サケの保護プロジェクトは、ファルケンベリ全

元は製粉工場だった場所が、今はサケを分別する中継地点として利用されている。このダムは、水力発電によって製粉所と隣接する家や近隣の家々20軒ほどに電気を供給している。

域における生物の多様性を保護するという目標達成のためのプランの一つである。湖、川、小川、そして賃借地の生物多様性と生態系全体を守り、かつ改善するように管理することがファルケンベリの目標である。コミューンは、コミューン内にある最大の湿地帯を自然保護区に指定し、それ以外にも八つの湿地帯の修復を進めている。ファルケンベリは、地域の水域管理、沿岸の水域管理、そして地域のサケ漁業などの漁業管理を、ほかのコミューンとそれぞれの組織期間を通して協力しあっている。なかでもアトラン川は、スウェーデンにおけるサケ種の監視のモデルケースとなっている。

そのほかの保護活動としてファルケンベリは、①水質保護区での農業を有機農業にかぎる、②森林保護のために古いトウヒの森を含む三つの森を永久保護区に指定する、③市内の公園や緑地において殺虫剤や化学肥料の使用を禁止する、などの方策をとっている。これらの影響で、有機農法に転換した農家や化学物質の使用を制限したビジネスが住民に理解されて実行されるようになった。その結果、ファルケンベリ内の野生動物の種類と数が増大し、「10年前と比べると、コミューンの生物多様性のレベルは10倍にもなった」と、生態学者は自慢している。

ファルケンベリの取り組みについての詳細は第2章、有機農法については第9章を参照していただきたい。

◆ カーリックス——川の修復に見るサステイナブルな施策

カーリックスは、カーリックス川の河口、バルト海の沿岸に位置するコミューンである（第6章を参照）。スウェーデンには主な川が4本あるが、その中でカーリックス川は、水力発電所やダムがない2本の川のうちの1本である。そのため、サケが産卵のために上流に上ることができる。全長280マイル（約450km）のカーリックス川は、この地域の歴史や文化を育んできた。特に、漁業がこの川岸の人々を集結させてきた。

カーリックスは、川および海の水質、そして漁業に関して管理の行き届いた

水産産業地帯にある人口18,500人のコミューンである。林業と漁業が主な産業で、これからはエコツーリズムとスポーツフィッシングに力を入れていくという。しかし、振り返ってみると、1980年代のカーリックス川にはサケは一匹もいなかった。というより、乱獲、網漁、川底の整地によって、サケ、ブラウントラウトなどの天然の魚がいなくなってしまったのだ。

　ところが、今、カーリックス川は年間約25万匹のサケを産し、バルト諸国第2位というサケの生産量を誇っている。また、スウェーデンとフィンランドの国境を縁取るトルネオ川（the Tournio River）は年間50万匹のサケを生産している。バルト海に生息する大量のニシンを充分に食べて育っているせいか、サケの平均体重は17.5ポンド（約8 kg）にまで成長している。

　昔は、バルト海に面した国の川のすべてにサケが生息していた。しかし、今となってはほとんどの川にダムが設置されたり水が汚染されたため、ドイツ、ラトビア、デンマークの川にはサケがまったく生息しなくなった。サケが激減したバルト海域では白マスの人気が上昇したが、ここに至ってはサケの個体数が回復してきている。カーリックス川でも、1994年よりサケの数は着実に増えている。

　カーリックスコミューンには製材産業、製紙産業もあり、歴史をひもとくと木材を運ぶために川が用いられてきた。1940年代になって、材木を流れやすくするために川底から石をトラクターで取り除いたためにサケの産卵に適したよどみがなくなり、生態系が急激に変化してしまった。一方、水質汚染に関しては、銅の工場があるものの、最近の10年から20年の重金属における汚染は比較的少なかった。とはいえ、1950年代、1960年代の工場廃液による重金属沈殿物が今も川に残っている。

　環境保護庁は、これ以上の汚染物質の拡散を避けるために除去作業を行っていない。地域の漁業担当官によると、カーリックスや近辺のコミューンは、リンの使用と川への排出の規制をうまくコントロールしているようだ。また、窒素の流入も問題になっており、湿地帯を設けて放流される排水の窒素流入量を減らす努力をしている。

　1974年、木材産業はそれまでの川での運搬をやめ、より安いトラックを使っ

て木材を下流域に運び始めた。それ以来、カーリックスやレーン（県）や自然保護団体は、川を修復して元の天然の姿に戻す方法を調査してきた。政府も国内の川の修復事業に何百万クローナ（1クローナ≒16円）も費やすほど力を入れており、特にスポーツフィッシングの活性化事業に多くの投資をしている。

　成功例としては、サケの産卵場所をつくるために川底に砂利を手仕事で敷き直し、植物も元通りに植えるという方法が挙げられる。サケもそのほかの魚も、産卵のために砂利や底の深いよどみが必要である。姿を消していたサケやほぼ絶滅していたマスが、この事業開始から2年後に川に戻ってきた。

　養殖の魚は病気を防ぐための薬品が投与されているが、天然のサケには当然投与されていないので病気がうつるというリスクがある。また、養殖魚が天然の魚と交配することによって天然サケの遺伝子の劣化や変化が懸念されている。よって、養殖魚からの疾病の伝播と遺伝子への影響を避けるために、ノルウェーからの魚をカーリックス川に放流することや、近隣で養殖業を始めることは厳重に禁じられている。ノルウェーのほとんどの川には養殖場があり、逃げ出した魚がカーリックス川に入り込んでくることが以前から問題となっていたのだ。スコットランドとアイルランドで行われた調査によると、養殖魚と天然魚が混在する河口周辺では天然魚が病気にかかりやすいという結果が出ている。加えてフィンランド人は、相変わらずトルネオ川に養殖魚を放流しているため、天然サケの遺伝子が影響を受けていると漁業担当官は言っている。[原注7]

まとめ

　ファルケンベリとカーリックスの住民たちは、コミューンの経済や地方経済と生活文化にとってのサケの重要さを理解している。そして、人間が及ぼすダメージについてもこれまでの経験から学んだ。一方では養殖漁業による他種の混入が、もう一方では生息地と産卵の場所の破壊が原因で天然サケは絶滅の危機に瀕した。これらの経験を踏まえ、現在はこれらの破壊を止めるだけでなく、すでに破壊された川を元の姿に戻そうという活動が各地で行われている。つまり、サステイナブルな活動からさらに上の再建活動を推し進めているのだ。

✧ スウェーデンにおける国家レベルの活動

　ファルケンベリの生態学者によると、スウェーデンの多くのコミューンでは、住民や環境保護団体からの要望によってコミューンの政治家に圧力がかかっており、生態学者を雇って生物多様性の問題を調査する動きが広まっている。スウェーデンでは、コミューンに自然資源の保全を義務づける法律もある。

　例えば、1994年、地域の事業活動が生物多様性の保護にどう影響しているかについて、各コミューンが自ら責任をとることを義務づける方針が国会で決定された。1995年には、スウェーデンの環境、建築とプラン、漁業、農業、林業を扱う省が、それぞれの管轄において生物の多様性を保護するためのアクションプランを立てた。さらに1998年には、EUもヨーロッパ全体の生物多様性保護に対する方針を確立した。(原注8)そして、1999年に承認されたスウェーデンの15の環境目標は生物多様性を含んでいる。(★3)

★3）2006年に16番目の目標が決議された。それは、生物多様性に関する目標である。

（原注1）　William McDonough, Michael Braungart. *Cradle to Cradle : Remaking the Way We Make Things,* North Point Press, Farrar Straus, Giroux, 2002 より抜粋。
（原注2）　Karl-Henrik Robert, *The Natural Step Story : Seeding a Quiet Revolution,* New Society Publishers, 2002, p.71.
（原注3）　E.O. Wilson, *The Diversity of Life,* Belknap Press of Harvard University Press, p.182.(エドワード・オズボーン・ウィルソン／大貫昌子・牧野俊一訳『生命の多様性』岩波書店、1995年)
（原注4）　「我々は、災害を想定して野生種や生物多様性の保護をしてはいけない。生態学者たちがキーストーン種と呼ぶ種を失ってしまう可能性はある。これらは、他の種の生存に欠かせない存在なのである。生物多様性は、生態系におけるキーストーン種の生存しうる確率を高めるため、環境の多様性を守る保険の役割を果たしてくれる」Richard T. Wright、Bernard J. Nebel "Environ-

214　第10章　自然資源――生物多様性の保護

　　　　　　　mental Science" 8th edition, Pearson Education, Prentice-Hall, p.281.
（原注5）　Ibid.
（原注6）　Falkenbergのサケ多様性保護プロジェクトに関する情報は、市の生態学者、環境衛生局、自治体の談話。2001年8月9日、ファルケンベリにて。ファルケンベリコミューンに関する情報は、"Falkenberg-the Swedish West Coast!" 2001, "Salmon Fishing in the River Atran"　ファルケンベリの観光案内所より。<www.falkenberg.se>
（原注7）　漁業管理職員のGlenn　Douglas氏の談話より。2001年8月18日、カーリックスにて。
（原注8）　Falkenberg, "Environment and Recycling Program for the Municipality of Falkenberg"　2001年4月号、12ページより。

第11章
持続可能な土地利用と都市計画

　持続可能性に向けた計画立案には、体系的・総合的アプローチが必要である。それによって、環境的・経済的・社会的な目標と対策を、四つのシステム条件を同時に満たす方向に向けることができる。

「持続可能性に向けた計画立案への政策案内」アメリカ計画協会[★1]

◆ 計画を実現に移すプランニングの過程

　ここまでの章は、すべて計画について述べてきた。例えば、エネルギー、住居、経済発展、天然資源や農業などは、コミューンの地域計画が取り組む要素である。これまでに述べた実績は計画の成果だった。続いて、本書が取り上げる地域に根差した民主的な持続可能性への転換プロセスは、計画を実現に移すプランニングの過程である。

　都市計画は、各々の地区と真剣に向き合うことによって地域を一つにまとめることになる。よい計画とは、あらゆる地域の課題に対する政策がどれも「同じ方向に向かって進んでいる」ことである。都市計画が無駄だと考える懐疑的な読者には、次のことを考えて欲しい。

　行政が任されている機能は、総括的な自治体のビジョンの構築と自治体の部

★1　(American Planning Association) アメリカの全国的な非営利組織で、コンファレンスワークショップ、出版を通して都市、郊外、地方のプランニングを推進している。www.planning.org

分的な政策をフォローし、全体的に包括する以外にどんな機能や役割が考えられるのだろうか、ということを。

世界中の市町村や地域が、将来の成長と発展のための計画案を用意している。ある地域では、これらの計画案を「マスタープラン」または「総合計画」と呼び、別の地域では「一般計画」や「管理計画」、あるいは「公的計画」と呼んでいる。このような計画案はすべて地方政府が将来に向けて体系的に誘導できるように公的な政策文書となっており、土地利用や住居、経済発展、交通、公共施設やそのほかの政策が整然と望ましい方向に進めるようにつくられている。それゆえに、それらの計画が地域の持続可能な発展を実現に導く論理的な手段となっているのである。このような計画の「効率の良い」使い方は自治体によって異なるが、総合計画のプロセスは地域変革を導き、結果をもたらすうえで論理的手段となりうる。

本章では、持続可能性の目標を各地域固有の状況と周囲の条件に最適な方法において総合計画のプロセスに導入したスウェーデンの二つのエココミューンの例を取り上げる。ヨーテボリは、長年にわたる企業と行政の提携という伝統があるがゆえに、市場競争を勝ち抜く戦略と環境の原則を計画に組み込んだ。その過程は、ヨーテボリの近隣住民からなる統治組織の強さを物語るものでもある。サーラもまた持続可能性を統合した総合計画を作成したが、計画の作成プロセスそのものがエココミューンになるという目標を実現させる重要な手段の一つとなった。

アメリカ計画協会が立てた四つの持続可能性の目標 (原注1)
持続可能な社会では、
① 自然の中で地殻から掘り出した物質の濃度が増え続けない。
② 自然の中で人間社会の作り出した物質の濃度が増え続けない。
③ 自然が物理的な方法で劣化しない。
④ 人々が自らの基本的ニーズを満たそうとする行動を妨げる状況を作り出してはならない。

(アメリカ計画協会)

ヨーテボリコミューンの概要
―――都市と地域住民の持続可能性のための計画

　ヨーテボリは、1621年にドイツ人とオランダ人の都市設計家、運河建設業者によって設立された。北大西洋に流れ込むヨータ川の河口にあるスカンジナビア最大の港湾都市で、伝統的に製造業や重工業の中心地だった。50万人近い住民の多くが、他国の出身者かスウェーデンの他地域からの転入者である。

　1980年代後半、ヨーテボリは、行政区域を区協議会が運営する21の区に再編した。区議会の議員は、ヨーテボリのコミューン議会から任命され、区の議員はコミューン議会へ直接報告をすることとなった。区議会内の政党別の議席数はコミューン議会の政党の意向を反映することを目的とするため、議会と同じ割合になっている。

　行政が21の区ごとに目標を設定したのは、直接に目標を定めて本当に必要としている住民にサービスを提供して住民のニーズにいっそうこたえていきながら経費を節約するためと、コミューンの事業に住民参加を促すことであった。区議会は、その行政区域内の社会的、教育的、そして文化的な事柄に対して責任を負っている。そして、区の議員は図書館の運営や高齢者のケア、障害をもつ人々へのサービス提供や保育園を監督している。区は、夕方に討論集会を催したり、政治家との電話会談、区域内学校委員会、公開健康委員会、地区の持続可能性委員会などを開催することによって住民によりいっそうの行政参加を求める方法を試みている。

　ヨーテボリは、環境改善の意味においてスウェーデンの中でも指導的な役割を担ってきた。一例を挙げると、コミューン内および他地域の環境問題に対する啓発と意識高揚のために、1999年、「ヨーテボリ国際環境賞」を設立した。この賞は、世界の持続可能な発展に対して顕著な貢献をした個人または団体に与えられている。

　2002年、コミューンは、1987年まで環境と開発に関する世界委員会を主導し、卓越したリーダーシップで世界各国に持続可能な発展に向けて働きかけ、環境意識の向上への道を切り開いたグロ・ブルントラント博士(★2)にこの賞を授与した。

218　第11章　持続可能な土地利用と都市計画

また近年では、FSC（森林管理協議会）と KRAV を、それぞれ持続可能な森林経営とオーガニック（有機）食品の販売推進と認証への尽力を評価して、同賞を授与している。

ヨーテボリの都市計画

　1960年代以降、ヨーテボリは一連の深刻な環境問題を経験してきた。急速な成長に伴って無秩序なドーナツ化現象が爆発的に広まって、交通渋滞が拡大した。土壌は酸性化し、大気環境は劣悪なものとなり、公衆衛生と生物の多様性のレベルが低下した。そして、1970年代を通してヨーテボリの造船業は経済危機に直面した。造船所は閉鎖され、何百人もの造船技士が失業もしくは早期退職を強いられた。このような状況の中、コミューンとしては何か対応策をとらねばならなかった。

　1993年のヨーテボリ総合都市計画案は、それらの課題と真正面から向き合ったものであった。コミューンの指導者と都市計画担当者は、開発計画案の核心に持続可能な発展の理念を据えることを決意し、環境的な懸念に産業界と協調して働くというコミューンの長年の伝統を結び付けた。「競争力のある持続可能な都市」は、1993年の計画におけるヨーテボリの将来像のキャッチフレーズとなった。

　競争力と長期的な持続可能性は両立した。計画策定の過程で生まれた土地利用政策の指針は以下のようなものである。

- 新たな開発事業はすでに開発されている地域に集中させ、対象地域の文化的、環境的特性を配慮して行う。
- 都市の周辺部、特に公共交通機関が充分に整備されていない地域での開発は避ける。

　これらの政策によって政治的決定とコミューンの土地利用の許認可の割り当てが決まるので、政治的な合意を取り付けることが重要であった。

　1993年度の総合計画案は、開発と都市資源運用の指針として、「エコバラン

ス」という概念と戦略を導入した。このエコバランス政策では、炭素、水、窒素のバランス調査と、新しい開発がこの三元素のバランスにどのような影響を与えるかの調査が必要となる。また、この政策は新規開発案のエネルギー分析も含んでいる。

その一方でコミューンは、すべての部署に対して、環境管理計画とその計画が各時点で予定通り達成されているかどうかを監視する方策を開発するように要請を始めた。コミューンのこの政策の考案過程から、環境に負担の少ない製品を優先的に購入する政策（グリーン購入）が策定されて全部署に義務づけられた。これにより、ヨーテボリはグリーン購入政策を適用したスウェーデン最初のコミューンとなった。また、買い物の仕方だけでなく、日々の暮らしや業務においていかに環境負担を低減することができるかを解説している、実用的で分かりやすい『エコ・ハンドブック』を市内の全家庭や全職場に配った。

ヨーテボリは、各家庭に対しても生ゴミ処理を要請する廃棄物管理計画案を導入したが、これは、当時のスウェーデン政府が同様の法案を採択する一助となった。そのうえヨーテボリは、深刻な汚染源であったコミューン内の中心部の混雑した車両通

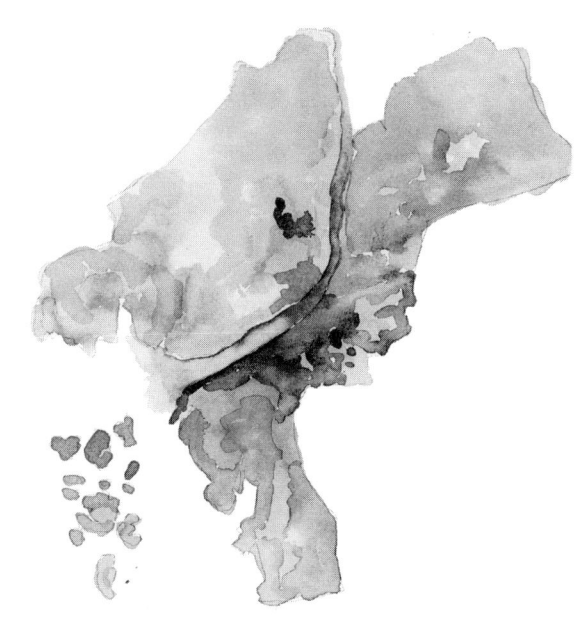

ヨーテボリの主要都市計画では、新規の事業を既存開発地域（都市計画図表上で色が濃く表されている一帯）と公共交通機関が充実した地域に集約している。（ヨーテボリ自治体帰属図表）

★2 （Gro Harlem Brundtland）1939年生まれ。ノルウェー初の女性首相。1987年に国連の「環境と開発に関する世界委員会」の委員長として「ブルントラント報告書」を出し、持続可能な開発の概念を打ち出したことで有名。

行に強力な交通規制を行って交通量の削減に成功した。

　1996年の計画更新の際、コミューンは計画プロセスに地方分権の方針を考慮に入れ、それによって21の区が誕生している。コミューンのビジョンは、「大きく、小さなヨーテボリ」を含めるように拡充された。「大きなヨーテボリ」とは、生き生きとした地方の中心都市としての存続であり、競争力があり持続可能な都市のことである。一方「小さなヨーテボリ」とは、数多くの近隣コミュニティがそれぞれもっている強いアイデンティティと文化、そして自己決定への希求を象徴している。

　都市計画に参与する人々にとって、ヨーテボリの区議会は重要な役割を果たすようになった。1996年の計画案も、区とコミュニティといったレベルで、社会福祉サービスと都市計画とをうまく包括する目標を確立した。その一例が、近郊の街であるビスコープゴーデンにある。

ビスコープゴーデン──連携による近隣コミュニティの変化

　ビスコープゴーデンはヨーテボリ内の地区で、住民約24,000人のほぼ半数が移民である。この地区は、ヨーテボリの都心から公共交通機関で約15分程度のところにあって、造船所や製油所などの重工業地帯にきわめて近い。そのため、この地区は製油所の油煙による大気汚染に悩んでいた。やがてこの悪評が広まり、裕福な住民がこの地から逃げ出して、この近辺はわびしく寂れた地域となった。

　1993年、ビスコープゴーデン地区議会とヨーテボリの都市計画事務所、そして二つの不動産業者（市営と民営）が地域の荒廃を食い止めるためにチームを組んでこの問題に立ち向かった。最初のステップは、あらゆる業種や組織にまたがった広いネットワークの構築だった。そして、雇用や物理的・社会的環境などの特定テーマごとにそれぞれのネットワークで取り組んだ。

　初期に成功を収めた施策は「手が届く高さの果実を摘む」もの、つまり最も身近な問題で、住民自らが関わることでコミュニティを変えることが実感できるものであった。これにより、住民が積極的に計画の実現に参加するようにな

った。

　具体的に述べると、近郊の橋やすべての地下歩道に施した壁画である。そしてもう一つは、「フレックスライン（Flexline）」という新たなバス路線の創設で、居住者が必要なときに電話をすれば15分ほどで家のドアの前まで迎えに来てくれるというものだ。この新しいバス路線は、もちろん誰でも利用できるが、特に高齢者や障害をもつ人々が恩恵を受けている。

　ごく身近な地域のコミュニティで行われた都市計画の成果は、活発な地域住民のネットワークづくりと居住者のコミュニティへの参加を促したことだった。居住者が政策決定に参加したことによって、地区議会の活動が活発になった。

　ビスコープゴーデンでは、数年の期間を過ぎて周辺地域の住宅状況や雇用が改善され、それぞれの居住者には、例えば成人教育などのより多くの機会が与えられた。この計画案が実行される過程で、ビスコープゴーデンに関する近隣コミュニティとコミューンの認識が、トラブル続きのものから未来が約束されたコミュニティのイメージへと変わった。

ベーリション――問題地区からエコ地区へ

　ベーリション地区は、ビスコープゴーデンと同様、ヨーテボリの中心部から公共交通機関で15分程度のところにある。ベーリションの15,000人近い住民の多くがアパートに住んでおり、ここも住民の半数近くが他国からの移住者で、学校では54の異なる言語が話されている。そのうえ、失業や人種差別、人口流出など、住民たちがそれぞれ似たような問題を抱えている。

　ベーリションの都市計画の担当者によると、住民がこのような困難に喘いでいるときは、将来のことよりも現時点で起こっている問題に焦点を絞りがちになるという。

　しかし、この計画担当者や地区議会議員、そしてベーリションに住む人々は、その問題点と同様に自らの街の利点を自覚している。ヨーテボリの中心のすぐ近くに位置しながらベーリションには丘陵や森林という魅力的な自然環境があり、また多様な民族で構成されているために異文化交流活動やイベント、協会、

クラブなどの豊かな文化生活が営まれている。コミュニティがこのような地域的な利点を認識できていたからこそ、1990年代前半にベーリションをエコ地区へと変貌させることができたのである。ビスコープゴーデンと同様、ベーリション地区は、住民、地域連合、住宅企業、会社、そして都市計画局という幅広いネットワークのもとに団結した。

　エコ計画の策定過程で、様々な背景や年齢の住民が一緒に集まってコミュニティ意識を感じることのできる会合場所を建設する必要があることを確認した。エコ計画の成果の一つが、ヨーテボリが建設し、アッシリア人協会(★3)が管理するコミュニティセンターである。

　このコミュニティセンターは、環境配慮型建築手法のデモンストレーションにもなった。このセンターでベーリションの教師が行った自然循環についての授業は、子どもたちに大好評であった。太陽電池(ソーラーパネル)や温室、薪ストーブがどのように動くか、そしてそれらがどのように自然保護の役に立つのかが多言語で展示された。このセンターの管理経験から、アッシリア人協会は自分たちの組織運営においても環境に負荷の少ない方法を取り入れるようになった。

　ベーリション地区の西部では、他の地元団体によって都会型の農場が運営されていた。ここでは、都会の住民が健康な食品をつくって購入し、子どもたちに馬や牛、ニワトリがどんなものかを見せ、クラブハウスやカフェでは食事をしてダンスを踊ることもできる。

　この農場の近くには「リチュールヒューセット（Returhuset）」と呼ばれる別の集会場があり、職業訓練やデイケア、リサイクル品収集などの活動が行われている。ここには、環境問題を扱った本を収集した図書館や環境講習会、勉強会のための集会所だけでなく、エコ・カフェやエコ・ガーデン、また環境行事のスケジュールを公開するメディアグループがある。

　前述の地区のエコ計画担当者によれば、「居住者がこのようなコミュニティセンターの活動に参加することで、自分たちの地域での暮らしや地域貢献を改めて感じ取ることができる」と言う。そして、「多くの住民が、ここでの活動を通して新たな友人を得ることができる」と彼女は付け加えた。

　ヨーテボリは、その都心の農場とリチュールヒューセットからさほど遠くな

い場所で湿地帯の造営に乗り出した。これは、ただ雨水の貯水のためだけでなく、地域住民のための美しい公園と野外集会所を設置するためでもある。一面の牧草地で草をはむ馬や牛、それに羊が近くのマンションから見られるのだ。馬に乗る人、カエルや鳥の学習をしに来た学校の先生と子どもたち、ジョギングや散歩をする人、誰もが湿地の中や周りに張り巡らされた小道や歩行者用の橋を行き来して楽しんでいる。

　同様に住宅の状態も改善され、住民の定着率も上がった。居住者と管理会社は、地方交通機関の選択肢増加や建造物の外観の改良などに協同で取り組んだ。以前は、マンションの居住者の入れ替わり率と空き部屋比率が高かったわけだが、今では入居待ちという状態になっている。

　「誰もがそこに住みたいのです」と、ベーリション地区の都市計画担当者は言う。

ヨーテボリの温室効果ガスの排出削減

　ヨーテボリの都市計画と持続可能な発展への努力は、町全体の様々な面で報いられた。例えば、エネルギーと化石燃料の消費においては、温室効果ガスの排出量を削減する方向に転換できた。ヨーテボリは、二酸化硫黄と粒子状物質の排出レベルを1987年比で90％削減した。ヨーテボリの地域暖房の熱生産の3分の2は、ゴミ焼却熱、下水、工場の余熱の再利用によるものである。コミューン内の3分の2世帯を取り込んで地域暖房供給システムを導入したことで、1991年には二酸化炭素の排出量を1984年と比べて50％まで削減できた。

　また、ヨーテボリは、計画は常に進行中のものであることをよく理解している。コミューンはすでに計画の更新に向けて準備しており、次回の計画は地域社会の協調と、総合的計画に盛り込まれた人間のニーズへの配慮により特化したものとなっている。計画を立てることによって持続可能性への変革に向けた

★3　（Assyrian Association）スウェーデン政府から活動援助が受けられることもあって、各移民は自国の文化を守る活動をするために協会をつくっている。もちろん、日本人協会もあるが、アッシリア人が圧倒的に多い。

心の準備ができると、ヨーテボリの都市計画担当者は信じている。ある計画担当者の言葉を借りると、「考えつかないようなことを考える」ことが成功への道である。(原注2)

◈ サーラコミューンの持続可能な都市計画立案への参加

　サーラは、ストックホルムの北西約70マイル（約112Km）の地にあり、全住民（約22,000人）の半数以上が中心部に住んでいる。1600年代、世界で最も豊かだった銀山に隣接していたために鉱山の町として発展した。今日の主な産業は、農業、林業、そして小規模なビジネスである。1908年に閉山した銀山は、今は観光地として旅行者の人気の的となっている。

　コミューンは、この地域の特徴を「都会でも田舎でもある」と言い表している。コンパクトで、保存状態のよい歴史的建造物に彩られた絵画的な町の中心部が特色である。そして、中心部以外の大部分は農地である。中心部にある数々の湖は、このコミューンの特徴である田園と都会風景の両方の景観を形づくっている。

　1991年、サーラはエココミューンの全国組織であるSeKom（セーコム）に加盟し、官民一体のシステマティックで民主的なアプローチにより、持続可能性に向けて組織的に変革するコミットメントをした。政治的左右両派を含めたコミューンのすべての職員が、この行動に賛同した。そして、エココミューンとなる決定においては次の事項を公約した。

❶ 草の根の働きかけによって市民が積極的に民主的な変化の過程に参画し、持続可能な暮らしに移行する。
❷ コミュニティ内で、持続可能な方策を採用するあらゆる行政機関、部署、会社、またはその他のセクター間の協調を支援する。
❸ 持続可能な発展の社会的かつ文化的、環境的、技術的、そして教育的な側面を統合し、コミューンと広い意味でのネットワークを構築する。

❹実際の行動と一致したビジョンによって、持続可能な暮らしへの移行を導く。
❺小規模な行動、自給自足、協調と地方分権の戦略を用いる。
❻地方での活動とグローバルな状況とのつながりを明らかにする。
❼変革の指針として、ナチュラル・ステップが作成した持続可能性のフレームワークを用いる。

サーラのエココミューン構想──新しいタイプの計画

　サーラは、1990年代の間にエココミューン計画、つまり総合計画作成のプロセスと持続可能な発展のイニシアチブを統合し、総合計画と持続可能な発展計画の統一プランを構築した。

　統一プランにおける持続可能性へのフレームワークとして、ナチュラル・ステップの持続可能な社会のための四つのシステム条件を用いた。この計画は、コミューンの計画と開発、行政府の各部署や機関、コミューンの企業（サーラが100％オーナー）などにとって長期的な指針になることを目的に作成された。コミュニティから生まれた「持続可能なサーラ」のビジョンが、計画の目的と到達目標の基盤となっている。

　この総合的で持続可能な計画を策定する過程でサーラは、あらゆる街の関心事に関して、コミューン内の部署と機関間でのコラボレーションが増えるように努めた。そして、もう一つの目的は、コミューンの公式な議論や正式な決定が行われる前に地域住民が計画のプロセスに参画し、実現に向かって自らの影響力を強めることである。

　サーラは、住民の参加イニシアティブを拡大した。「地球の一部である私たちの地域（Our Piece of the Earth）」と名づけ、ビジョンのワークショップ、コミュニティ・フォーラム、ネットワークや職業グループ、勉強サークルやお祭りなど、あらゆる場所とアクティビティを使って住民を集め、彼らの地域の未来について討議できるようにした。

第11章 持続可能な土地利用と都市計画

> **サーラの環境自治体構想に向けた持続可能なシステムのガイド**
>
> 持続可能な社会では、
> ①自然の中で地殻から掘り出した物質の濃度が増え続けない。
> ②自然の中で人間社会の作り出した物質の濃度が増え続けない。
> ③自然が物理的な方法で劣化しない。
> ④人々が自らの基本的ニーズを満たそうとする行動を妨げる状況を作り出してはならない。
>
> （ナチュラル・ステップの四つのシステム条件より）

サーラの都市計画案の成果

サーラの統一プランの実施過程から、環境面での多様な成果が見えてきた。

再生可能エネルギーへの転換

1992年、サーラの地域暖房システムの熱源を、石炭からバイオマス（木材副産物）や産業廃水の熱回収、ゴミ埋め立てからのバイオガス生産などの組み合わせに転向した。1999年には新しいコージェネレーション施設（CHP）が稼動を始め、地域暖房供給システムのための熱にグリーン電力が加わった。サーラは、10台の公用車を化石燃料の代わりに菜種油で走らせており、タクシー会社もコミューンの対策に従って数台を菜種油で走らせている。

緑化ビジネスの発展

サーラは、環境負荷の少ない事業の実践や環境対応型製品の開発を援助するために地域の会社や産業と協力関係を築いている。地域の事業体とともに、コミューンは「サーラエコセンター」という環境製品や取り組み事例、連絡先、ネットワークづくりに関する情報センターを開いた。このエコセンターは、地域企業が化石燃料の代替としてバイオ燃料を入手して使用できるようにし、商業用木質バイオマスシステムからの灰の収集とリサイクルを支援した。また、エコセンター委員会は、コミューンや民間企業、地方大学から委員を選出した。

サーラは、環境負荷を減らす取り組みを行った店舗に証明書を授与しており、街の主要スーパーマーケットのうち四つがこの環境認証を受けた。このほか、最も環境にやさしいオフィスビルのコンテストも開催している。

リサイクル

1991年からサーラコミューンは、ゴミを20種の素材に分別し配送するリサイクルセンターを運営している。10種類の素材を分別する収集ステーションは、コミューン内の至る所（35ヵ所）に設置されている。またコミューンでは、各家庭から出る生ゴミを廃棄物として捨てずに堆肥として利用するよう奨励している。

現時点で、9,700戸のうち1,800戸が、家庭の生ゴミを市郊外にある公共堆肥化センターで処理している。コミューンは、このセンターの利用者を6,000人、または全世帯の60％まで増加させることを目標としている。そのほかにも、廃棄された品物の修繕・再販センターを建設する計画を進めている。

生物多様性の保護

サーラはコミューンの公有林を試験林として、自然保護を考慮した森林管理の方法を開発している。また、牧草地の回復にも努めている。そして、かつては国連に世界的に保護が必要な危機的状況下にある地区のリストに挙げられていた湿地のダメージも修復させた。

エコ学校の建設

1997年、サーラは環境教育を行う学校である「エングスハーゲン基礎学校（Ängshagenskolan）」を環境的負荷の少ない建築方法で建設した。建築の面では、雨水を吸収し断熱性の高い茅葺き屋根が特色となっている。また、バイオ燃料の地域暖房供給システムや床暖房、パッシブソーラーシステム(★4)の運用で学

★4　建築的な手法によって空気の自然な対流を促し、電気を使わずに換気をするシステム。161ページの注も参照。

校内を暖房している。躯体のレンガ隔壁（くたい）は、太陽エネルギーを吸収し、その後数時間にわたって吸収した太陽熱を屋内に放射する、保温性のいい蓄熱材である。

　建築素材は、耐用年数を過ぎればリサイクル利用できる素材を用いている。パッシブソーラーシステムは、新鮮な空気の供給とエネルギーの節約、そして騒音除去を同時に行えるものである。廃棄物はすべて適切に分別されてリサイクルされ、トイレには尿分離型の便器が設置されている。また、すべてのクラスで自然・環境教育がカリキュラムと実際の学習方法において一体化されており、自然体験や野菜・ハーブの栽培ができるように特別に教室がデザインされている。校庭のあちこちには、池、野菜畑、リンゴの木やベリーの植え込み、そして積み上げられた堆肥が見られる。

環境負荷の少ない庭造りの指導

　サーラコミューンは、高等学校と複数の非営利団体らと連携して、中心街から4マイル（約6.4km）のところに「リネア（Linnea）の庭」と名づけた子どもたちや大人のための教育農場・庭園を開園した。「リネア」の名は、有名な児童書の登場人物から取られたものである。

　併設されたキッチンやカフェは、環境学習グループや活動に参加する人たちの人気の的となっている。また、それだけでなく、園内の搾乳所ではカフェで提供する羊のチーズやヨーグルトを製造しているし、環境負荷の少ない庭造りの方法やベリー類などの食物の実験的な耕作法のデモンストレーションを行っている。そして、子どもたちは、園内でウサギや雌鳥、豚、ミツバチを自ら世話をすることでその生態を理解することができる。

　コミューンの都市計画の担当者は、子どもたちの優しさを育むためには動物が必要だと言う。作業場の中では、子どもたちが樹皮のボートを小刀で削ったり、鳥の巣箱や凧をつくったりする。それ以外にも、野生の中で暮らす体験をしたり、たき火で料理をつくったりしていかにして自然から恵みを得るかを学んでいっている。

教育、トレーニング、そして指標

　1994年から1995年にかけて、政治家、コミューン職員、公営企業社員などを含むサーラの2,000人のスタッフは、ナチュラル・ステップのフレームワークをガイダンスとして用いた持続可能性と持続可能な発展についてのコンセプトを学ぶ講習会に参加した。そして、コミューン内の教育機関に在籍する数人の教師は、ナチュラル・ステップのアプローチによる2日間のトレーニングコースに参加した。

　学校に戻った教師は、徐々に講習で学んだ理念を教室に導入し始めた。例えば、子どもたちの年齢層に応じて遊べるゲームを開発した。「The Mission（ミッション）」というゲームは4歳から7歳の子どもたちを対象にしたもので、「The Challenge（チャレンジ）」は10歳から12歳の児童を対象にしている。これらのゲームは、ナチュラル・ステップのシステム条件が分かりやすく紹介されたカードを用いて行うもので、コミューン内の幼稚園、小中学校、レクリエーション・センターなどで幅広く使われている。

　環境教育は、今、コミューン内の保育園と学校に完全に組み込まれている。保育園の教師も3週間の環境トレーニングを受講したし、リサイクルと生ゴミの堆肥化は子どもたちの日常生活の一部となっている。

　大きなコミューンに持続可能性のフレームワークを導入する一つのやり方として、1993年、サーラの博覧会の主催者は「環境の迷宮（Eco Labyrinth）」という大きな展示会を企画した。「環境の迷宮」では、持続可能性の概念と持続可能な社会へと向かう手引きとしてナチュラル・ステップの四つのシステム条件を解説している。最初にこれらの原則が紹介されると、システム条件のフレームワークを用いて、より身近になった環境についての決断を各自が下しながら（答えがあっていれば）迷宮の中心に向かって歩き始める。

　そして、迷宮の真ん中に到着すると訪問者は、2010年における「持続可能なサーラ」の姿と向き合うことになる。そこでは、各家庭への手紙、市民フォーラム、勉強会など、すべてのコミューン内の活動、そして「The Green Dragon（緑の龍）」と呼ばれている広報誌が住民の環境意識の啓発を支援している。

環境教育コースは失業者にも提供されており、環境教育教材をコミューン全域に普及させることを手伝うという仕事が与えられた。これまでに、人口の10%に当たる2,000人以上の住民が自然循環型思考のセミナーに参加している。コミューンが持続可能な社会へと移行するためには、できるだけ多くのコミューンの職員と住民とが共通の出発点に立つことが重要だと信じている。

サーラは、ほかの三つのコミューンとともに、環境会計や「自然の経済」とも呼ばれる持続可能性の指標の開発に努めてきた。コミューンの議員が設定した持続可能な発展の目標から始めて、職員は純粋な財政の範囲を越えた別の評価基準とともに事業の割合を増やしていった。これらの指標を用いたコミューンの進歩の報告は、市長や助役と局長とメディアに対して毎年提出されている。その指標というのは、政治的なゴールの達成度とナチュラル・ステップの四つのシステム条件の達成度、そして費用対効果および効率である。

100人以上の職員と議員が、自然の経済の手法を使って持続可能性の進展状況を分析するための指標について教育を受けた。この新しい分析手法の開発のニュースは、その分析手法を会得したいと思っているほかのコミューンにとって興味深いニュースだった。サーラは、この分析手法を幅広い対象に向けて情報発信し、それぞれのコミューンの長期的展望による都市計画をより効果的にするツールとして使ってもらえるような方法を考えている。(原注3)

スウェーデンの都市計画と持続可能な発展
―― 優位性と挑戦

国の援助

スウェーデンのコミューンには、発展を導くための総合計画の作成が法律で定められている。一方アメリカでは、すべてではないがいくつかの州で地域の都市計画の作成が義務づけられている。また、スウェーデンでは、官公庁がコミューンの計画を支援して誘導政策を行い、住宅建設や建物建設のために地元の基金にしばしば資金を出しているが、アメリカでは国家当局が地方や一地域

の都市計画に対して支援することはほとんどなく、仮にしたとしてもわずかである。これは何より、都市計画が連邦政府としてではなく、州や地方政府の義務と解釈されるアメリカの政治的伝統の影響を受けたものである。

　スウェーデン政府はまた、地方の持続可能な発展への努力に対して、アメリカとは桁外れに多くの援助を提供している。これまでに論じたように、多くのスウェーデンのコミューンが、それぞれのレベルにあった持続可能な発展計画を進展させて、そのアクションプランの実行を支援するためにコーディネーターを雇用している。

残された挑戦

　北米の類例よりはるかに有利な点が多いにも関わらず、スウェーデンのコミューンは持続可能な発展を都市計画案と統合していくのに苦戦している。コミューン自らが認めているように、持続可能な発展を目指すことは、どの部署、もしくはどの機能からも外れたプロジェクトであり、そのことが地方自治体レベルでの持続可能な発展の統合において圧倒的な障害となっているという。それを証明するように、ほとんどのコミューンにおいて、持続可能な発展のコーディネーターはコミューンの正職員ではなく契約職員である。(原注4)

　二つ目の難題は、いまだに多くの職員が持続可能な発展を環境問題としか見ておらず、専門領域を超えて議会などで討議すべき問題であるにも関わらずその問題を環境保護部署が抱え込んでしまっていることだ。(原注5)

　スウェーデンのコミューンは、北米の自治体同様、持続可能な発展をはじめとする計画における市民参加をいかにすすめるかという問題を抱えている。また、スウェーデンのコミューンは、コミューンの組織、部署が共通のゴールに向けて協力し合うようになるまでの過程において、職務が専門化して責任が分散しがちな傾向と闘ってきたが、これは北米の都市も同様である。(原注6)

私たちは何を学ぶか

　スウェーデンのエココミューンやそのほかのコミューンの成功例、そして彼らの難題から、後続の世界中の人たちは多くのことを学ぶことができる。私たちには自然循環型社会へと移行する効率的な方法を見つける必要があるわけだが、これはスウェーデンのコミューンも同じで、彼らは現在もそれに向かって移行する効率的な方法を追求し続けているのだ。本書の各章で述べてきた彼らの成功例は私たちが参考にするべきよい事例であり、これらの成果が実現可能なことを実証している。

　スウェーデンのコミューンは、プロジェクト志向型のアプローチで持続可能な開発に向けて苦闘を続けている。どうすればより多くの住民に持続可能な発展とその計画に参加してもらえるのか、またいかにして担当部署の分裂や縄張り意識を克服できるのかといった試みは、彼らの成功と同じく、効果的に住民を引き入れ、体系的、全体的に持続可能な暮らしへと移行させる変化を地域社会につくり出すうえにおいて大いに参考になるだろう。

（原注1）　American Planning Association, "General Policy Objectives," *Planning for Sustainability* Policy Guide, p.6.

（原注2）　ヨーテボリの情報は、①Hans Ander, Lars Berggrund 共同執筆、 the Swedish Journal of Planning 社、Swedish Planning Towards Sustainable Development 誌掲載、PLAN『Göteborg ; From Dirty Old City to Environmental Capitol』, pp.73-75 ; ②ヨーテボリ公式ホームページ（www.goteborg.se）を参照。ビスコープゴーデンの情報は、Torsten Brink, Babö Sundström, Swedish Planning Towards Sustainable Development,『Biskopsgarden、Göteborg ; A Process of Joint Action』pp.47-50. を参照。ベーリションの情報は、Marianne Hermansson,『Neigborhood Renovation in Bergsjon』, Swedish Planning Towards Sustainable Development 誌, pp87-89を参照。

（原注3）　Information about Sala planning from an article by Wiklund, Lars, "Case Study No.12 : Sala Eco-municipality," *Stepping Stones*, no. 20, United Kingdom

Natural Step, December, 1998.

(原注4) Bengt Weatman, Swedish Association of Local Authorities Agenda 21 Coordinator, "Local Agenda 21 in Sweden," *Swedish Planning Towards Sustainable Development,* PLAN: Journal of Sweden Planning, Swedish Society for Town and Country Planning, 1997, pp.82-86.

(原注5) Bjorn Malbert, Senior Researcher, Chalmers University of Technology, "Sustainable Development, a Challenge to Public Planning," *Swedish Planning Towards Sustainable Development,* p.71

(原注6) Ibid. p70を参照。

解　説

伊波美智子（琉球大学教授）

　夜空を白く流れるオーロラ、北極星をまっすぐ指し示す大きな北斗七星、夕暮れの野を横切るヘラジカの親子連れ、そして北の地平に真っ赤な夕日と金色の満月が同時に浮かんでいる不思議な光景……「サステイナブル・スウェーデン・ツアー〜スウェーデンの環境行政視察〜」に行った私たちを迎えてくれた9月のスウェーデン北部の風景である。そこでは、太古の昔から変わらぬ自然の中に人間の営みも溶け込んでいた。

　本書は、スウェーデンの環境教育団体「ナチュラル・ステップ」とエココミューン（環境自治体）について書かれたものである。私は、1996年に初めてスウェーデンを訪れて以来、2003年までに5度も足を運んでいる。そして、2回目はこの国に3ヵ月ほど滞在したが、「行くほどに好きになる」というか「なぜかホッとする」国である。その理由は、未来に対してあまり明るい展望を見いだせない状況の中で環境問題に取り組んでいる者に希望を与えてくれるからだろう。理想化するわけではないが、期待を裏切らない誠実さがこの国にはある。本書の第1章から第11章の著者であるサラ・ジェームズ氏はアメリカ人であるが、たぶん私と同じことを感じたがゆえに本書を著したと思う。

　1996年に初めてスウェーデンを訪れた目的は、スウェーデンでゼロエミッション・プロジェクトに取り組んでいるカール＝ヨーラン・ヘデン（Carl-Göran Hedén）博士に会って、その翌年に予定していた海外研修の予備調査をするためであった。そして、1997年、半年ほどかけてスウェーデン、イギリス、ドイツなどを中心に8ヵ国を回り、行政や企業における環境問題への対処、そして

消費者のライフスタイルについて調査を行った。これらの国々の中で、私にとってカルチャーショックというか「目からウロコが落ちる」思いをしたのがスウェーデンだった。そのことが切っ掛けとなってナチュラル・ステップとの関わりができて、このたび本書の「解説」を書かせていただいた次第である。

環境先進国であるスウェーデンは、社会福祉、女性の社会進出、地方自治が進んでいる国としても世界中に知られており、また平和外交に力を入れていることもあって国際的にも発言力がある。ナチュラル・ステップを日本に導入するには、スウェーデン社会の特質を理解しておくことが必要であろう。そこで、「解説」の前半は環境思想と政策に関する筆者の研究を通して得たスウェーデン社会の特質について述べていくことにする。

また、本書の読者は、持続可能な社会をめざしてスウェーデンのコミューンが取り組んでいる事例を学んで、それを現場において活かしたいと考えている人が多いと思われる。筆者は、2001年に那覇市にゼロエミッション推進室が設置されたとき、特別参与として行政に関わるという貴重な経験をさせていただいた。その際に、まず導入したのがナチュラル・ステップの研修である。後半においては、那覇市の取り組み、そして持続可能性という側面から見た沖縄が抱えている問題について言及したい。

エココミューンの成功事例を通して見るスウェーデン社会の特質

スウェーデン語に「LAGOM(ラゴーム)」という言葉がある。「ほどほどに」という意味で、味付けや天候などについてどうかと問われたときに「ラゴーム・グッド」と答えたりするそうである。元をたどれば、その昔、バイキングたちがトナカイの角でつくった杯に酒を満たして回し飲みをするとき、ほかの人のことを考

★1 ゼロエミッションとは、自然の循環法則に似せて経済循環の仕組みをつくろうというもので、産業代謝(産業エコロジー)理論を基礎にしている。1994年に国連大学でZERI (Zero Emissions Research Initiative) として発足した。ヘデン博士は、スウェーデンの名門カロリンスカ医科大学の名誉教授(細菌学)。1992年のリオサミットを受けて国連大学にゼロエミッションプロジェクト(ZERI)を提唱し、スウェーデンにおいても様々な環境関連事業や青少年の科学教育関連事業を推進している。

えて飲み過ぎないように「ほどほどにした」ということからきているらしい。LAGOM の精神は、厳しい北欧の自然に対処していくための助け合いの精神、思いやりの心を表したものだと言える。

　もう一つスウェーデン人気質を紹介すると、彼らの心の中には二人の人格があって、それが常に論争していると言われている。それほど議論好きだ、ということであろう。春を待つ長い冬は、読書や思考実験を行い、短い夏を有効に使うための計画について議論をする絶好の機会ともなる。

　誤解を恐れずに言えば、スウェーデン人は徹底して「ほどほどに……」を議論して「まじめに」実行する国民である。暗くて長い冬の憂鬱（「白い憂鬱」と呼ばれる）の先に明るい夏を待つ楽観主義、自由を尊ぶ個人主義と公共の秩序を重んじる相互扶助の精神といった矛盾する二面性をあわせもつ国民性が、複雑な環境問題の解決に向かって果敢に挑戦している。それを証明するために、エココミューンの成功事例に共通する理念を二つの視点から集約してみた。一つは、スウェーデン社会の環境政策を支える基盤であり、二つ目がナチュラル・ステップをはじめとする卓越した環境リーダーたちが示す方向性である。

コミューンの環境政策を支える三つの基盤

　スウェーデンの環境政策を支える基盤として、「環境民主主義」、「自然享受権」そして「リーダーに対する信頼」が挙げられる。これらは、スウェーデン社会の伝統あるいは文化とも言うべきもので、相互に関連し補完してコミューンの環境政策を支えている。それぞれについて簡単に説明していくことにする。

環境民主主義

　民主主義の基本は、本書に取り上げられているコミューンの事例にたびたび出てくる「地域住民の参加」であり、地域の将来は地域住民が決めるという自己決定権の尊重である。民主主義と言えば、日本では多数決による決定と理解されがちである。しかし、スウェーデンで「民主主義は弱者のためにある」という言葉を聞いたとき、民主主義に対する懐疑が霧の晴れるように消えたので

ある。

　弱者は、自分の主張を声高に言うことはない。まして、まだこの世に生を受けていない将来世代の声を聞くことはできない。環境問題の解決に向けて徹底して議論するコミューンの意思決定過程は、まさに「環境民主主義」と呼ぶにふさわしい。

　針葉樹の森と氷河がつくった無数の湖が織りなす北欧の自然は美しく、その恵みは豊かである。しかし、冬は長くて暗く、気温はマイナス30度にもなる所がある。厳しい自然に協力して対処し、自然の恵みを公平に分かちあうための知恵が北欧民主主義の基盤である。人間もまた自然の一部であり、自然の恵みに生かされていることを人々がしっかり認識している環境先進国スウェーデンは、地方自治の先進国でもある。

　「中央集権国家をもたなかった私たちには、少なくとも2000年の民主主義の伝統があります」

　スウェーデン北部のコミューンで聞いたこの言葉が今も耳から離れない。

　「サステイナブル・スウェーデン・ツアー」で私たちを案内してくれた元教師のバルブロ・カッラ（Barbro Kalla）さんは、「私たちは、学校で民主主義を教えます」と慎ましく、しかし誇らしげに語った。少数民族や高齢者、障害者に対する配慮、子どもたちの自主性の尊重、自然環境の保全といったスウェーデン社会の政策の基底にあるのは北欧民主主義の伝統であり、国民もそれを誇りに思っている。自由とは公平をわきまえてのことであり、責任を伴うものである。行動（政策）の結果に対して責任をとる大人がいるという社会の熟度が、リーダーへの信頼を生み出す基盤になっている。

自然享受権

　スウェーデンの環境政策を論じるとき、自然の共有権ともいうべき「自然享受権」を抜きには語れない。「アッレマンスレット（Allemansrätten、自然に対する万人の権利）」と呼ばれるもので、明文化された法律ではなく入会権のような慣習法である。スウェーデン人は自然を愛好し、自然の中で生活することを好む。誰でも森や野原（他人の所有であっても）に入って、キノコ、果実、

草花を採ったり、湖畔や海辺を散策したりして自然を楽しむことができる。しかし、自然を損傷したり他人に迷惑をかける行為は許されない。つまり、自由を保障すると同時にルールを守るという責任を課しているわけである。

　他人の土地（宅地ではない）を通ってもいいが、人家に近づいたり土地所有者の経済的利益を損なう（耕したばかりの畑に入って種を踏みつける、牧場の囲い戸を開け放しにすることなど）行為や他人に迷惑（騒音を出す、ごみを散らかすなど）をかけたりしてはいけない。また、天然記念物や希少保護種の草花などを採ること、動物の子どもや卵を持ち帰ることも禁じられている。何が希少種であるか調べて知っておくことは当然の義務であり、知らなかったといって責任を逃れることはできない。人と自然、人と人とが付き合っていくためのマナーは社会常識ともいうべきものだから、特別に法律で記載されているわけではないということだ。

　長い冬が終わって植物が一斉に芽吹く春が駆け抜け、自然の中で太陽の光を浴びることのできる夏になるとスウェーデン人の顔は至福の喜びに輝く。最も気候のよい夏に彼らは休暇をとって、家族と一緒に湖畔や海辺、森で自然を満喫して過ごす。このような幸福を将来世代に残したいと考えるのは人間として当然のことである。自然の恩恵を強く意識するスウェーデン人にとって、自然保護・環境保全は理想ではなくきわめて現実的な問題であり、その生活観、自然観が先進的な環境政策を支える背景となっている。

リーダーに対する信頼

　成功しているエココミューンには、必ずその政策の実現に貢献した人がいる。使命感をもった人材の存在がプロジェクトの成功にとって必須であることは、どこの国においても、どのような組織においても、またいつの時代においても同じである。スウェーデン人は「英雄を好まない」と言う。環境政策の推進には、一人の偉大なヒーローより、使命感をもって地域で地道に成果を上げてくれるリーダーが一人でも多くいるほうが望ましい。

　本書の原著者の一人であるトルビョーン・ラーティ氏は、長年の実践活動の経験から、組織を変えるには「火の心」すなわち使命感と情熱をもった人を探

し出すことが成功のポイントだと指摘する。個人が組織を動かし、組織が社会を変えるというわけである。

　また、スウェーデンで特筆すべきことは、政治家が国民から敬愛されているということである。2003年9月、スウェーデンを旅行中にアンナ・リンド（Anna Lindh）外務大臣が刺されるという事件があった。重症を負って運び込まれた病院で間もなく息を引き取ったのであるが、彼女を慕う人々がその死を悼み、全国の教会で祈りが捧げられ、商店街のショーウインドーには彼女の写真と赤いバラの花が飾られていた。また、スウェーデンで人気投票を行うと、芸能人に混じってヨーラン・パーション首相をはじめとする政治家が上位に入ってくるという。ちなみに、この国の政治家はボディガードに守られた雲上人ではなく、普通に電車に乗り、デパートで買い物をし、レストランで食事をする民衆の一人なのである。

　1972年にストックホルムで開催された「国連人間環境会議」を端緒として、1984年に設立された「環境と開発に関する世界委員会（ブルントラント委員会）」、そして1992年にブラジルのリオ・デ・ジャネイロで開催された「国連環境開発会議」（地球サミット）など、国連機関ではスウェーデンを含む北欧諸国のリーダーシップが大きい。これは、ナポレオン戦争や第2次世界大戦時のヒトラー率いるナチスとの戦いの経験からきているものだという。ナポレオン戦争当時は軍事大国だったスウェーデンであるが、第2次世界大戦中はかろうじて中立を守った。それゆえに、戦火を浴びた隣国に対して負い目を背負っていることも国連外交に力を入れている一因だという。

ビジョン（環境政策の方向性）の共有と合意形成に向けて

　民主主義の伝統、自然の愛好、リーダーに対する信頼といったスウェーデン社会の特質から導き出されるのは、単なる理想論としての環境保護論ではない。それは、科学的思考に基づく原理・原則を明確にし、考え方や立場が異なる人々が創造的な議論を通して一致点を見いだす民主主義の方法論としてのシステム的・統合的アプローチであり、そして将来ヴィジョンをつくって目標に向かっ

て着実に改革を進める「Entrepreneurship（起業家精神）」ともいうべき現実経済論である。
　この二つについて簡単に説明をしておこう。

システム的・統合的アプローチ

　環境問題は、自然科学・社会科学・人文科学の各領域が複雑にかかわる領域であり、その対象もまた多様である。加えて、現実は一刻も休むことなく絶えず変化を続けている。このように複雑・多様かつ変化する問題を扱う場合、議論が枝葉末節の問題に終始してなかなか根幹の問題に到達できない場合が多い。環境政策はすぐれて社会政策の課題でありながら、科学的知識と同時に哲学的思考が要求される。また、現象認識についての個人差が大きいために簡単には政策合意を得ることができない。それでは、環境政策推進の合意形成にあたってスウェーデンではどのような方法がとられたのであろうか。
　ノーベル賞で知られるスウェーデンは、科学教育に力を注ぐ科学技術立国でもある。科学的システム思考が得意であり、国民性として情緒的であるより理性的な議論を好む。科学理論は、データの積み上げと実験によって普遍性が検証されるわけだが、自然科学系の学問分野においてとられるこのような方法論が社会政策としての環境政策にも応用されている。そのバックボーンにあるのがシステム的・統合的アプローチである。
　システム思考とは、全体は部分で構成されており各部分は連携して動くが、全体は単なる部分の集合体ではなくそれ以上のもの、すなわち全体としてシナジー効果（相乗効果）が働くという認識に立っている。各部分のつながりあるいはネットワークは、それ自体が部分とは異なる新たな価値をもっているというわけである。また、統合的（ホリスティック）なアプローチとは、万物は一つにつながっているという考えである。個々の動きや現象は、全体の動き・現象に影響を与えると同時に全体からも影響を受けて動いている。したがって、私たちが見ているのは個々の事象であるが、他の事象との関係性、全体の中での位置づけを考えることが大事だというわけである。(★2)
　ナチュラル・ステップのフレームで言えば、「システム条件1：自然の中で

地殻から掘り出した物質の濃度が増え続けない」、「システム条件2：自然の中で人間社会の作り出した物質の濃度が増え続けない」、「システム条件3：自然が物理的な方法で劣化しない」は、地球という閉鎖システムにおける自然環境の保全、すなわち人間活動と自然界の森羅万象との関係性に関わるものである。(★3)

環境問題はよいビジネスチャンス——エコロジーとエコノミーの融合

「経済と環境保護との間に、対立する点など本来一つもあろうはずがない」
カール＝ヘンリク・ロベール (★4)

「わたしにとってのエコとは、エコロジーとエコノミーを意味します」
トルビョーン・ラーティ (★5)

ナチュラル・ステップに関わる2人のリーダーからのメッセージは、スウェーデンではすでに常識となりつつある。経済活動（生産活動）とは、自然が産み出す恩恵を市場で交換可能な形に加工し、消費者が望む付加価値を付けて販売することである。農林漁業は言うに及ばず、鉱物資源をエネルギーや原材料として利用する鉱工業、そして近年の観光産業の進展を見ても分かるように、経済活動とは自然の恩恵を市場化したものにほかならない。

環境破壊や環境汚染は、節度を超えて自然資源を経済的に利用することから発生している。地球を金の卵を産むニワトリにたとえると、ホルモン剤をやって短期間にたくさん卵を産ませてその生命を縮めてしまうようなものである。

★2　ブー・ルンドベリィ（著）、川上邦夫（訳）『視点をかえて—自然・人間・全体』（新評論、1998年）は、自然環境の複雑さ、多様さ、変化しやすさを理解するために必要なアプローチとヴィジョン形成について述べた環境教育の理念に関する良質のテキストである。

★3　ナチュラルステップが進めている環境教育の内容については、ナチュラルステップの創始者カール＝ヘンリク・ロベールによる『ナチュラル・ステップ—スウェーデンにおける人と企業の環境教育』（市川俊男（訳）、新評論、1996年）および『ナチュラル・チャレンジ—明日の市場の勝者となるために』（高見幸子（訳）、新評論、1998年）がある。

★4　カール＝ヘンリク・ロベール／市河俊男訳『ナチュラル・チャレンジ』新評論、1996年、70ページ。

★5　2004年9月17日、ウメオ市でのトルビョーン・ラーティ氏の講演「スウェーデンにおける持続可能な開発とサスティナブル・ロバーツフォーシュ・プロジェクト」より

経済発展は、地球環境が許容する範囲においてのみ可能である。すなわち、「ニワトリを殺しては元も子もない」という考えが持続可能な発展という思想の根底にある。

環境問題は、限られた地球資源をどのように使うかという経済理念にも関わる。それは、国内だけでなく、国際社会における資源利用の公平、現世代と将来世代との資源利用の公平を考えることであり、他者への配慮という想像性を必要とする課題でもある。貧困に苦しむ者の存在に目をそむけて自然界からの収奪を続けるならば、その先に待っているのは破局しかないというのは歴史が教えるところである。

ナチュラル・ステップの四つ目のシステム条件（人々が自らの基本的ニーズを満たそうとする行動を妨げる状況を作り出してはならない）は、個々の経済活動と経済社会システムが目指す方向性、社会のあり様に関するものである。化石由来のエネルギーに過度に依存した先進国のライフスタイル、ぜいたくの象徴ともいうべき宝飾品や家具調度、自家用車、家電品などの原材料の大部分は発展途上国で産出されている。

これらの国々における内紛・内戦およびその結果としての貧困は、私たち先進国のライフスタイルと決して無関係ではない。再生不可能かつ地球温暖化の原因となっている化石燃料を自然エネルギーに代替し、鉱物資源をリサイクルして効率的に使い、再生可能資源の生産性を高めることは人類生存の鍵であるといっても過言ではないだろう。持続可能な発展は、「システム条件4」を満たすような技術開発、そして私たちが何を買い、どのような生活をするかという意識にかかっている。

以上、スウェーデン社会の特質について触れたが、スウェーデンと日本は類似点も多い。地理的に見ると、それぞれヨーロッパ大陸とアジア大陸に少し距離を置く位置にある。国民性としては、勤勉で教育水準が高く、科学技術に力を入れてきた工業国でもある。20世紀初頭の世界的な不況の際、スウェーデンでは貧しさに喘ぐ農村から国民の約20％が北アメリカに移住したという。日本でも、第2次世界大戦前は満州や南北アメリカへの移民が盛んであった。そし

て、1960年代に経済高度成長を経験し、人口の都市集中と環境汚染が進んだことも似ている。

しかし、1972年にストックホルムで開催された「国連人間環境会議」を境に、両国は異なる道を歩み出したように見える。スウェーデンは、水俣から招かれた被害者の訴えに真剣に耳を傾けて、問題の発生を未然に防ぐために環境教育に力を入れた。一方、日本は水俣の悲劇を補償金で解決して「博物館」に封印し、技術開発による経済成長路線を拡大した。いわば、予防策をとるか、対症療法をとるかの違いである。この違いは、国民生活の安全を守るという国家的課題の方向性ともかかわっている。両国の環境政策の根本的な違いはここにあると思われる。

ナチュラル・ステップと沖縄

本書で紹介されている事例に見るように、持続可能な社会に向かう道は一つではない。スウェーデンの事例は、それぞれの個性、それぞれのやり方を大切にすることを教えてくれる。めざす目標は同じでもそれぞれが置かれている状況は異なり、違いがあって当然である。優劣ではなく違いを尊重する……多様性は持続可能な社会のキーワードの一つである。

我田引水になるが、「生物と文化の多様性」という側面から見れば、亜熱帯の島嶼地域である沖縄はきわめて多様性に富む地域である。この「解説」の後半では、沖縄の事例を通して持続可能な発展とナチュラル・ステップについて考えてみたい。

沖縄で持続可能な社会をめざすということ

島の生態系は脆弱で自然環境が破壊されるスピードが早く、人間活動が自然環境にかける負荷の大きさを目の当たりに見ることができる。逆にいえば、生態系を修復するために適切な措置をとれば、その成果も早く現れるということである。そして、島社会の持続可能性を考える場合、有限の空間という島のハ

ンディを利点に変える発想と行動力、そのための論理的基盤が必要となる。

沖縄県では、2000年3月に『「ゼロエミッション・アイランド沖縄」構想』が策定され、2002年7月に発表された『沖縄振興計画』には、環境共生型社会・資源循環型社会として持続可能な発展をめざすことが謳われている。持続可能性を考えることは、沖縄経済の自立を考える際に不可欠な視点である。ゼロエミッション構想（ZERI）は、国連大学が1994年に提唱したものであるが、これはナチュラル・ステップの環境教育カリキュラムとも非常に相性がいいものとなっている。

那覇市の取り組み

那覇市は、市レベルにおいて日本で初めてナチュラル・ステップを職員研修に導入した自治体である。那覇市の人口は315,000人、沖縄県の県庁所在地で沖縄本島の南部西海岸に位置しており、首里城からは眼下に広がる市街地と東シナ海が一望できる。現在は埋め立てられてしまったが、那覇市の地先には松林のある大小の岩島が点在する美しい入り江があった。そこに、15世紀半ばに「琉球王府」が直轄する港を開いたのが那覇の始まりである。そして、1879年、明治政府により沖縄県庁が設置され、以後、那覇市は隣接する市村を合併しながら沖縄の政治・経済の中心地として発展してきた。

2000年11月に行われた那覇市の市長選挙で当選したのが現市長の翁長雄志氏である。大型ごみ焼却工場の建設は前市長の下で既に決定しており、新施設が稼動するまでの間のごみ減量が緊急課題であった。しかし、ゼロエミッション特別参与を委嘱された筆者は、翁長市長が掲げる「風格ある県都・那覇市」のコンセプトを支える基盤として持続可能な社会の構築を考えた。つまり、ごみ排出量の1.5倍の規模をもつ焼却炉建設は根本的な問題解決にならないどころか、持続可能な社会に向けてのステップを遅らせることになりかねないと考えたのである。そして具体的には、持続可能な社会のヴィジョンを提示すること、将来の環境政策を担う人材を育てること、企業と市民の環境意識を向上させることを目標とした。また、組織的にも物理的にも市長にできるだけ近いところ

にゼロエミッション推進室を置いてほしいと依頼した（残念ながら、これは実現しなかった）。

　ゼロエミッションやナチュラル・ステップといった、それだけではよく内容が分からないカタカタ文字を行政に取り入れるには政治家の英断が必要である。実際に行政の現場で仕事をするのは職員であるが、保守的な官僚組織の中にあって、新しい仕事をするには外部からの応援が欠かせない。ナチュラル・ステップの高見幸子氏、国連大学ゼロエミッションフォーラム会長（当時）の山路敬三氏（前日経連副会長、故人）、鵜浦真紗子氏をはじめとする国連大学関係者、そして大田和人氏（初代室長）、町田恵子氏（3代目室長）、その他市役所内外の多くの方々のサポートがあればこそのゼロエミッション推進室の発足であった。

　2001年3月、いわば露払いとして、部長クラスの新管理職および市民代表とマスコミ関係者を対象にしたナチュラル・ステップ・エグゼクティブ研修が実施された。そして4月、那覇市ゼロエミッション推進室が非常勤職員を含む5人体制で発足し、3年が経過した2004年3月に筆者は参与職を辞任した。この間の施策のバックボーンになったのが、山路氏を委員長に招いて策定した「那覇市ゼロエミッション基本構想」であり、毎年行われたナチュラル・ステップ研修だった。この3年間に室長は毎年代わったが、いずれの室長も「火の心」をもっていた。おかげで、わずか5人のスタッフながら、市民と協働して多くの事業を手掛けて各方面に大きな反響を呼んだ。

　主な事業としては、国連大学ゼロエミッションフォーラムとの共催による「ゼロエミッション・フォーラム in なは」、グリーン・コンシューマーを支援し、エコライフ実践のための情報発信と商品紹介をするエコアンテナショップ「ZEN」の開設、観光ホテルへの環境ISO導入支援のための助成制度、食器洗浄車「エコ・フレンド号」の導入とレンタル事業、環境ホームページ「なはエコ」の開設などである。

　また、ナチュラル・ステップとのご縁で、2003年3月にはカルマルコミューンからの訪問団を迎えてシンポジウムを開催し、カルマルコミューンを含む北欧、ドイツへの市民代表と職員の環境視察団の派遣などの国際交流事業もあっ

た。その様子は新聞紙上に連載記事として紹介され、市民の意識啓発に多大な貢献をした。

　本書に紹介されているラーティ氏も、那覇市を訪れて市民と職員を対象に講演し多くの人が感銘を受けた。2003年度には、ナチュラル・ステップのリーダー研修を終了した職員がインストラクターとなり、市役所の全職員（約3,000人）を対象としたナチュラル・ステップ研修が始まった。

　「ニッパチ（または80：20）の法則」というのがある。セールスマンの売り上げやコストの割合など、組織においては20％の要因が成果の80％に貢献しているという経験則である。職員の20％が改革の炎を燃やせば組織は変わる。「火の心」をもった人材はどこの組織にもいる。問題は、彼らが力量を発揮できる環境が整っていないことであるが、これは管理職の責任でもある。

　2代目室長の横山芳春氏も「火の心」をもつ一人であった。彼は、環境教育に使命感を見いだして初の民間人校長として宇栄原小学校に2004年4月から転出し、積極的な環境教育を展開して注目を集めている。20年後の持続可能な環境都市をめざして一歩を踏み出した那覇市の将来に期待したい。

持続可能な開発と観光産業

　従来の沖縄観光のイメージは「青い海、青い空」であった。しかし近年は、南国の暖かさとゆったりした沖縄時間（スローライフ）に長寿のイメージが重なり、「癒やし、琉球文化」という新たな観光商品が生まれた。おかげで、復帰時（1972年）に44万人だった観光客は、2005年には12.5倍の550万人に増加している。いまや沖縄ブームの感さえ呈し、低迷ぎみの国内観光業界の中で一人勝ちと他地域から羨ましがられる状態にある。好評を博したNHKの連続ドラマ『ちゅらさん』や、沖縄出身のミュージシャン、タレント、スポーツ選手などの活躍も沖縄ブームを後押ししている。

　観光入域客500万人時代を迎え、今、観光業界では量から質へ転換を進めることが必要だという論議が始まっているが、その背景には、観光客一人当たりの支出額が低迷し、安いパックツアーが多いためホテルの手取り額は少ないという豊作貧乏に悩んでいる現状がある。一方、ひところのゴルフ場建設ラッシ

ュはひと段落したものの、ブームに乗じたホテル・リゾート施設の建設は相変わらず盛んである。地元で聖地と崇められる場所にまで進出して、住民と摩擦を起こす事例も後を絶たない。

　光が強ければ影もまた濃くなる。いまや、沖縄経済を支える大黒柱に成長した観光産業の動向が地域経済や県民生活に与える影響は年々大きくなっている。

世界的にも有数のダイビングスポットとして評価が高い座間味村の海域（写真提供：琉球新報社）

　観光は、為替相場や国際情勢といった外的要因に左右される側面が大きい。その代表的事例が1991年にアメリカで起こった同時多発テロ事件であった。これは、観光は平和であって初めて成り立つ産業であることを端的に示した事件でもあった。ハワイやカリフォルニアをはじめとするアメリカへの旅行者が激減し、米軍基地が集中する沖縄もテロのターゲットになるのではないかという風評から修学旅行などの団体客が激減した。これまで経済関係者は基地問題に言及することを避けていたが、これを機に米軍基地の縮小を求める声も出始めている。

　県民生活との関連で言えば、観光客が増えればごみが増え、夏場の水需要と冷房のための電力需要もうなぎ上りになる。また、最近は個人旅行や家族・友人との旅行が増加し、ウィークリーマンションに宿泊してレンタカーで観光地を巡るというパターンも多くなってきた。電車などの公共交通機関が整備されていない沖縄では、レンタカーの増加は交通渋滞に拍車をかけることになる。観光客が増えるほどに環境にかける負荷が目に見えて大きくなっていくことは明らかである。

　また近年、恵まれた自然条件を活かしたエコツーリズムや農漁村の生活を体

験するグリーンツーリズムが、過疎に悩む山村や離島で地域活性化の切り札として注目されている。本来、「エコロジー」と「エコノミー」は語源を同じくしている。「エコ」はギリシャ語の「oikos（オイコス）」に由来するもので、人間の家である自然界を研究するのがエコロジーであり、自然が提供する資源を管理するのがエコノミーである。自然資源は共有の財産であり、その管理、すなわち保全と配分にあたっては倫理性が要求されるという原点に戻る必要があることを「持続可能な開発」という言葉は示唆している。

　このような観点から、自然へのダメージを最小限に食い止めるために入域制限を実施する事例も出てきた。ダイビング客の多い座間味村では、サンゴの保養期間として3年間の入域禁止区域を設けており、宮古島では旧暦3月の大潮時に出現するサンゴ礁の島（八重干瀬）への下船を制限し、サンゴを傷つけないよう細心の注意を払うようにと地元のボランティアが環境学習をかねて観光客を指導している。島の環境容量を超える開発を避けて持続可能な発展をするためには環境アセスメントが必要であるが、ナチュラル・ステップの枠組みは環境アセスメントとしても応用できるものである。

軍事基地と持続可能性――普天間基地の移設問題に関連して[★6]

　持続可能性という視点から沖縄経済を見るとき、巨大な米軍基地の存在がナチュラル・ステップの四つのシステム条件、とくに公平・効率という4番目のシステム条件に大きく違反し、持続可能な発展を阻害しているということに改めて気付かされる。最後に、沖縄の基地問題を四つのシステム条件に照らして考察してみたい。

　1996年4月12日、5～7年以内に米軍の普天間基地を全面返還することが、橋本龍太郎内閣総理大臣（当時。1937～2006）とウォルター・F・モンデール駐日米国大使（当時）の共同記者会見で発表された。あいも変わらず繰り返されるアメリカ兵による犯罪、事件、事故、そして騒音被害や環境汚染……基地被害の根幹には巨大なアメリカ軍基地の存在がある。その縮小に向けて一歩進んだと沖縄中が喜びに沸いた。しかし、返還ではなく県内移設であることが明らかになり、朗報は一転して失望と怒りに変わった。

普天間基地は宜野湾市面積の約25％を占め、市の中央部にドーナツの穴のように存在している。もともと肥沃な田畑であったところに建設された普天間基地は、50年余の歳月を経て老朽化が進んでいる。隆起サンゴ礁石灰岩から成る沖縄本島中南部の地下には鍾乳洞が網の目のように存在しているが、普天間基地の地下にも大きな池や川があることが確認されている。軍用機やヘリコプターの整備洗浄に使われる化学薬品やエンジンオイルなどがこの地下水脈に混入して、河川や海を汚染している。「システム条件１：自然の中で地殻から掘り出した物質の濃度が増え続けない」および「システム条件２：自然の中で人間社会の作り出した物質の濃度が増え続けない」の違反である。

市街地の中心に飛行場が立地し、危険性が指摘されている米軍普天間基地（写真提供：琉球新報社）

　移設先として辺野古の沖合のサンゴ礁瀬が提示されたが、沖縄本島は全長120km余りの細長い小さな島である。辺野古は普天間基地から直線距離にしてわずか40kmしか離れていない。サンゴ礁を埋め立てて新たな基地を造ることは、隣接する森林を切り拓くこととも連動している。つまり、「システム条件３：自然が物理的な方法で劣化しない」の違反である。県内移設を前提とするかぎりこの問題は解決しない。

　太平洋戦争の終了から60年、1972年の施政権返還から30年余を経た現在でさえ、沖縄には在日米軍基地の75％が集中し、操縦士の顔が見えるほどの低空で

★6　沖縄にある米軍基地の状況については沖縄県基地対策課のホームページ（http://www.pref.okinawa.jp/kichi/index.html）を、また、普天間基地については宜野湾市のホームページ（http://www.city.ginowan.okinawa.jp）を参照されたい。

軍用機が離発着訓練を繰り返す基地が人口8万人余りの宜野湾市の真ん中に存在しているという現実がある。海と空も米軍の制御下にあり、120万人余りが住むわずか約1,200km²の沖縄本島の約20％が米軍基地に占拠されている。国益という名の下に、130万人余りの県民の頭越しに1兆円の国費をかけて米軍のために新たな軍事基地を建設することは、民主主義の原則に違反するばかりか税金の無駄遣いでもある。言うまでもなく、「システム条件4：人々が自らの基本的ニーズを満たそうとする行動を妨げる状況を作り出してはならない」の違反である。

スウェーデンで「平和は最大の福祉であり、戦争は最大の環境破壊である」という言葉に接したとき、こういうことを国是としている国があるのだと万感迫るものがあった。この理念の下で、スウェーデンは国連活動を通して米ソ対立を緩和する政策をとった。そして、国際平和と地球環境保全なくしては自国の平和と環境保全もないという認識に立ち、発展途上国への環境技術移転を支持するODA（政府開発援助）に積極的に取り込んでいる。

日本は、隣国を敵視して脅威をあおる政策をとり、日米安保条約を強化して沖縄に広大な米軍基地を存続させてきた。そして、今、新たな米軍基地を建設するために地域住民の意向を無視し、公有水面の埋め立てに関する権限を知事から国に移すための特別措置法を立法化することまで検討している。

筆者がスウェーデン社会の在り様に特別の思い入れを抱くのは、沖縄が抱えている様々な問題と矛盾が背景にあるからだろう。そのような思いを察知して、「解説」において沖縄の現状を書く機会を与えて下さった本書の編集メンバーに深く感謝している。

編著者あとがき

　本書に登場した北部のコミューンを視察して、持続可能な発展のために一生懸命頑張っている地域の素晴らしい人たちにたくさん出会った。視察のすべてが、「目からウロコ」のような体験であったが、その中でも一番インパクトがあったのがカンゴスという集落であった。ここは、本文でも記したように、過疎化が進んで小学校が廃校になる寸前だった。そこで、集落の人々が集まって、ビジョンを描いたり議論をした末に、自分たちで運営していくことを決めたわけである。彼らは、小学校を救うことを通して集落の将来を自分たちで決めていったのだ。

　私たちがこの小さい小学校の講堂に入ると、その集落の指導者である70歳近い男性がプレゼンテーションを始めた。彼が最初に言った言葉は「Think Globally、Act Locally」であった。スウェーデンの最も北の、過疎化の進んだ人口数百人の集落の人から「Globally」という言葉を聞くとは思っていなかっただけに、とても新鮮な感じがした。

　首都、ストックホルムに住む私は、スウェーデン北部の過疎化問題は深刻で、多くの人々は将来に失望していると聞いていた。しかし、トルビョーンはこの集落でナチュラル・ステップのワークショップを行った。そして、集落の人々は、自分たちでビジョンをつくることを始めたのだ。

　トルビョーンの話によると、「最初は絶望的な人が多かった」と言う。プレゼンテーションをした男性もその一人だったそうだが、「一緒に考えていくうちにその考えを変えていった」と言う。そして彼らは、「自分たちが決めなければほかの人が決めてしまう。自分たちの将来のことを、ストックホルムに任

せておけない」と思うようになったという。そして、自ら立ち上がって様々な知恵を出し合って地域を活性化していったそうだ。

「序説」において記したように、日本にも、霞ヶ関に自分たちの将来を任せず、独立村として頑張っている岐阜県白川村のようなところがある。彼らも、自分たちの将来は自分たちで決める道を選んだ。兵庫県の市島町や沖縄県の那覇市以外にも、長野県の飯田市や東京の日野市、岩手県の葛巻町などといった先進的な環境自治体が日本にもたくさんできてきた。これらの環境自治体のネットワークは63もの自治体にまでなっている。

日本でこのように頑張っている自治体の人たちが、スウェーデンのエココミューンやアメリカの環境自治体ともネットワークがもてたらもっと素晴らしいことになると思う。お互いに知恵を出し合い、国際的に協力をしていけば、より早く世界が持続可能な社会になるはずだ。今後、それぞれの活動がより拡がっていくことを願っている。

最後になったが、第1章から第11章までの翻訳にご尽力をいただいた株式会社クレアンの薗田綾子社長をはじめスタッフのみなさま、過去になかなか例のないような複雑な本づくりの編集業務にご協力をいただいたスカンジナビア政府観光局の伊藤正侑子副局長とそのスタッフの物江陽子さん、そしてこの本の出版を可能にしてくださった株式会社新評論の武市一幸社長に心から感謝をいたします。また、原本を日本の事情に合わせて出版することにご理解をいただきご協力をしてくださったサーラ・ジェームスとトルビョーン・ラーティにもこの場を借りてお礼を申し述べたい。

2006年8月

高見幸子　ストックホルムにて

|付録|

エココミューンの取り組みの手順

社会を変えるためのステップとは？

　トルビョーンは、自治体が社会の変革に成功するためには一つの原則があり、それらのステップを踏んでいくことを提案している。ここでは、エココミューンの取り組みの手順としてそれらのステップを簡単に紹介していきたい。

①熱血漢を探す

　トルビョーンは、「持続可能な発展に熱心な熱血漢（Fire Souls）が自治体に5人いれば、社会は変わる」とよく言っている。熱血漢とは、自分たちの考えを実現するために一生懸命働く人たちのことである。そして、「そのような人が、どの自治体にも必ずいる」とも言っている。

　まず自治体は、その人たちを探し出さなければならない。なぜなら彼らは、持続可能な発展についてすでに知識をもっており、自治体のスタッフや政治家に対して、環境対策が自治体や地球にとっていかに大切なことであるかを理解するための手助けをしてくれるからである。

　成功しているエココミューンのほとんどのところで、変革の最初の段階からそのような熱血漢が関わっている。例えば、その人たちは、地域のオピニオンリーダーが環境教育に参加するように説得したり助成金を申請したりと、様々な貢献をしてきた。そして、そのような人たちのネットワークが自治体の変革のプロセスを支援してきたのだ。しかし、その人たちに依存しすぎてもいけない。自治体の変革のプロセスを担当する人は、地域のそのような活動家と行政との橋渡し役をしなければならない。

②教育、意識を高める

　持続可能性の意味についての教育と地域におけるローカルなアクションがグローバルな環境や社会的な動きにつながっていることを理解させることが、その自治体が公式に持続可能な発展を認めて、スタッフが参加することになるかどうかの鍵となる。つまり、幅の広い教育が早い時期に行われればそれだけ早く変革のプロセスも進むということだ。

　その際、自治体の政治的なリーダーや社会のオピニオンリーダーから教育を始めることが戦略上は重要となる。そして、ナチュラル・ステップのフレームワークを持続可能な発展のための対策を策定するときのガイダンスとして使う。基礎的なセミナーの長さは一日だったり、数時間ずつに分けて数回行う場合もある。プロの講師やプロセスリーダーが政治家を対象とした最初のセミナーを担当すると、インパクトがあってあとの対策が進めやすくなる。そののち、自治体内のインストラクターがスタッフや事業者、そして市民を対象にしてセミナーを行えばよい。この教育は数年間継続して、必要に応じて繰り返し行う。

③公式に持続可能な社会の原則を承認する

　市長や議会が持続可能な社会の原則を公式に承認すると、自治体の各部署や社会に対して、自治体が真剣にコミットメントをしていることが明解となる。ナチュラル・ステップのフレームワークは、自治体のどの部署にも共通のルールとして使うことができる。

　スウェーデンのエココミューンの経験によると、変革のプロセスを継続するためには議会の満場一致を得ることが望ましい。少数でも反対がある状態で強引に進めるのではなく、満場一致で決議されるまで対策を進めるのは待ったほうがよい。公式に持続可能な社会の原則を承認することが、自治体の変革を組織化する出発点となる。

④実践部署を巻き込む

　自治体のトップが持続可能な発展の目標にコミットすることは非常に重要であるが、それだけで変革が成功するわけではない。自治体のすべての部署のス

タッフが、変革のための対策に取り組んでいかなければならない。それゆえ、最初に、すべての部署で持続可能な発展の目標を導入することを明解にしなければならない。

　各部署において持続可能な発展の目標を実現するためには、自分たちの戦略とアクションプランを構築するワークショップに参加してもらうことである。成功しているエココミューンや企業は、持続可能性のフレームワークをルールとして取り入れ、職員や社員に対してワークショップを行って改善策を考えて提案するように要求した。ちなみに、スカンディックホテルでは社員が提案した1,500の提案を実践している。

⑤ナチュラル・ステップが開発したツールを使う
　次に、自治体のスタッフや社員が自分たちで戦略やアクションプランを構築するために、ナチュラル・ステップが開発したツールを紹介する。次に挙げる方法で問題を洗い出して、ビジョンとアクションプランを策定する。
　まず、持続可能性を考えた場合、現状がどうなっているのかを把握して、それを共有することが出発点となる。そして、自然資源が漏斗のように減少していっていることを認識して、その対策を一緒に行っていく自治体のスタッフを養成することが重要である。これは大きなパラダイムシフトとなる。
　また、エココミューンや環境先進企業がそのために使っているツールは「バックキャスティング」というツールである。それは、まず、漏斗の傾きが止まった状態になった持続可能な社会において成功した姿を描き、そこから逆に考えて、今何をすればよいのかという戦略とアクションプランを立てていく方法である。ナチュラル・ステップは、バックキャスティングをするために持続可能な社会の原則を科学的に定義した。持続可能な社会の原則からバックキャスティングをすることによって明解な戦略とプランが立てやすく、成功するチャンスを大きくすることができる。

⑥すべてのプランを承認する
　ある時点で、それぞれの部署やNGO、そして市民のワーキンググループで

検討してきたアクションプランを統合する必要がある。そして、それを自治体の方針として承認する必要がある。また、それらのプランを自治体のガイダンスとするためには最高トップの承認が必要となってくる。よって、そこに至るまでに課題や条例を扱っているグループが集まって、すべてのワーキンググループで取り上げられたプランを発表しあい、お互いにそれぞれの提案を学んで自治体にとって優先する対策が何かを調べなければならない。このような過程のもとに導入が決まったプランは、自治体が明確にバックアップしていることが分かっているために今後の対策が行いやすい。

⑦継続的に改善する

持続可能な発展のためのアクションプランが公式に承認されるということは自治体や企業の「行動哲学」が定められたということになるので、それぞれの部署はそれを前提とした活動方法を生み出していかなければならない。また、新入スタッフや新しく就任した管理職および新しい政治家は、持続可能な発展のための活動とその重要性について教育を受けることが必要となる。なぜなら、持続可能な発展の活動と総合的な変革のプロセスを続けていくためには、継続的に教育やトレーニングをして意識を高める努力を必要とするからである。

ナチュラル・ステップのフレームワークをガイダンスとして使ってアクションプランの進展状況を測る指標をつくると、それらはアクションプランをモニターするツールにも教育のツールにもなる。また、多くの企業やコミューンでは、ナチュラル・ステップのフレームワークをISO14001の環境マネジメントシステムと統合して、活動が軌道に乗っているかどうかをチェックしている。

現代の社会を変えるためのステップ、つまりスウェーデンのエココミューンにおける取り組みの手順は世界共通だと思う。是非、日本におけるそれぞれの組織・団体において参考にしていただきたい。

参考文献・資料一覧

参考文献

Alexander, Christopher, *The Timeless Way of Building*, Oxford University Press, 1979.

American Planning Association, *Planning for Sustainability Policy Guide*, April, 2000. <www.planning.org/policyguides/sustainability.htm>

Ander, Hans and Lars Berggrund, "Göteborg: From Dirty Old City to Environmental Capital," *Swedish Planning Towards Sustainable Development*, PLAN, the Swedish Journal of Planning, 1997.

Anderson, Ray, *Mid-Course Correction*, Peregrinzilla Press, 1998.

AtKisson, Alan, *Believing Cassandra: An Optimist Looks at a Pessimist's World*, Chelsea Green Publishing, 1999.

Benyus, Janine, *Biomimicry*, Quill William Morrow, 1997.

Boliden Company, "New Rönnskär," "Rönnskär 2001," and "Environmental Facts 2000: Rönnskär Smelter," Skelleftehamn, Sweden. See also <www.boliden.ca/index.htm>

Borchert, Nanna, in K.Fields, ed., *Land is Life: Traditional Sámi Reindeer Grazing Threatened in Northern Sweden*, Nussbaum Medien, 2001. <www.oloft.com/pressfolder.htm>

Brink, Torsten and Barbro Sundström, "Biskopsgården, Göteborg: A Process of Joint Action," *Swedish Planning Towards Sustainable Development*, PLAN, the Swedish Journal of Planning, 1997.

Burlington Electric Department, City of Burlington, Vermont, March, 2003. <www.burlingtonelectric.com>

Canada Office of Urban Agriculture, *City Farmer*, November, 1992. <www.cityfarmer.org>

Canadian Museum of Nature, "The Rideau River Biodiversity Project," August, 2002. <www.nature.ca/rideau/>

Cardinal Group, *The Eco-Industrial Advantage*, Vol.1, no.1, 2001. <www.cein.ca>

Carstedts, *A Road to Sustainability*, Sundsvall, 2000. This publication can be ordered from Carstedt's, Överstevägen 1, Umeå, Sweden. See also <www.greenzone.nu>

Coalition for Environmentally Responsible Economics (CERES), *CERES Principles*, November, 2002. <www.ceres.org/our_work/principles.htm>

Colburn, Theo, Dianne Dumanoski, and John Peterson Myers, *Our Stolen Future*, Penguin Books, New York, 1996.

Cole, Rick, Trish Kelly, and Judy Corbett, *Ahwahnee Principles for Smart Economic Development*, Center for Livable Communities, 1998.

Community Renewable Energy (CORE), "A Biomass District Energy Program," Essex Junction, n.d.

Dallas Area Rapid Transit Authority, "Newsroom," 2003, <www.dart.org.newsroom.asp>

District Energy Library, University of Rochester, "District Energy in Sweden," June, 2002. <www.energy.rochester.edu/se/>

District Energy Library, "District Heating Systems in the United States," Rochester, NY, June, 2002. <http://www.energy.rochester.edu/us/comdhlst.htm>

Economy and Energy, "Electricity Generation from Thermal Power Plants and Fuel Demand for Generation," No.23, December 2000-January 2001. <http://ecen.com/matriz/eee23/ger_elt_e.htm>

EcoTrust Canada, March, 2003. <www.ecotrustcan.org/projects/community/gbasin.shtml#ed>

Ekins, Paul, and Manfred Max-Neef, *Real-life Economics*, Routledge Publishing, April, 1997.

Eksjö, Municipality of, "Welcome to the Wetland Nifsarpsmaden," n.d. See also <www.eksjo.se>, March, 2003.

Environmental Defense Fund, *Scorecard*, "Chemical Profile for Acetone," CAS Number 67-64-1, 2003. <www.scorecard.org/chemical-profiles/summary.tcl?edf_substance_id=67%2d64%2d1>

Environmental Defense Fund, "Chemical Profile for Cadmium," CAS Number 7440-43-9, March, 2003. <www.scorecard.org/chemical-profiles/summary.tcl?edf_substance_id=7440%2d43%2d9>

ESAM (Human Ecological Corporation) and Torbjörn Lahti, "A Guide to Agenda 21." 1997. See <www.esam.se>

Eskilstuna Energi and Environment, "Our Name is Our Line of Work," n.d.

Eskilstuna Energi and Environment, "The Tandlaå Project: Constructing Wetlands in the Agricultural Landscape," 1999. See also <www.eskilstuna-em.se> (Swedish only).

Falkenberg, Municipality of, "Environment and Eco-cycling Program for the Municipality of Falkenberg: 2001-2005," April, 2001.

Falkenberg Tourist Information Office, "Falkenberg — the Swedish West Coast!" 2001 and "Salmon Fishing in the River Atran," Falkenberg. See also <www.falkenberg.se>

Ford Motor Company, "Rouge Renovation: An Icon of 20th Century Industrialism," 2003. <www.ford.com/en/dedication/environment/cleanerManufacturing/rougeRenovation.htm>

Ford, Bill Jr., Ford Motor Company. www.ford.com/en/ourCompany/environmentalInitiatives/cleanerManufacturing/rougeTurningAMonument.htm

Friends of Rosendal Garden, "The Rosendal Garden: An Introduction," Rosendalsterassen 12, Stockholm, Sweden, n.d.

Germany, Federal Environmental Agency Press Office, "Gas Filler in Sound Insulating Windows and Car Tires Adds to Greenhouse Effect," Berlin, April 16, 2002. <www.umweltbundesamt.de/uba-info-presse-e/presse-informationen-e/p4002e.htm>

Global Action Program, "Sustainable Lifestyles Campaign," March, 2003. <www.globalactionprogram.org>

Göteborg, City of, March, 2003. <www.goteborg.se>

Greiner Environmental, Inc., *Environmental, Health, and Safety Issues in the Coated Wire and Cable Industry*, prepared for the Massachusetts Toxics Use Reduction Institute, University of Lowell, April, 2002. <www.turi.org/PDF/Wire_Cable_TechReport.pdf>

Hawken, Paul, Amory Lovins, and L. Hunter Lovins, *Natural Capitalism: Creating The Next Industrial Revolution*, Little Brown, 1999.

Hermansson, Marianne, "Neighborhood Renovation in Bergsjön," *Swedish Planning Toward Sustainable Development*, PLAN, the Swedish Journal of Planning, 1997.

Herr, Philip B., "The Art of Swamp Yankee Planning: Making Plans That Work," unpublished paper, Newton, MA, revised October, 2002.

Ikonomou, M.G., S. Rayne, and R.F. Addision, "Exponential Increases of the Brominated Flame Retardants, Polybrominated Diphenyl Ethers, in the Canadian Arctic from 1981 to 2000," *Environmental Science and*

Technology, 36, pp.1886-1892.

International Organization of Standardization (ISO), March, 2003. <www.iso.ch/iso/en/ISOOnline.frontpage>

International Project Group on Solar Heating in Northern and Central Europe, "Solar Energy for District Heating: Here It Works — Sweden," March, 2003. <www2.stem.se/opet/solarheating/district/sweden.htm>

James, Sarah, "Moving Toward Sustainability in Planning and Zoning," Editor's Notes, *Planning Commissioner's Journal*, no. 47, Summer, 2002.

Jeyeratnam, J., "Acute Pesticide Poisoning: A Major Global Health Problem," *World Health Statistics Quarterly*, 43, pp.139-143, 1990.

Johns Hopkins School of Public Health and Center for Communications Programs, "Population and the Environment: The Global Challenge," Series M, no. 1, 2002.

Kemp, René and Jan Rotmans, "Managing the Transition to Sustainable Mobility," paper for workshop on Transitions to Sustainability through System Innovations Enschede, University of Twente, July 4-6, 2002.

Kemp, René and Jan Rotmans, "More Evolution than Revolution: Transition Management in Public Policy," Maastricht Economic Research Institute on Innovation and Technology (MERIT), Maastricht University, P.O. Box 616, 6200 MD Maastricht, The Netherlands, n.d.

Koepf, H.H., "The principles and practice of biodynamic agriculture," pp.237-250, in: B. Stonehouse, ed., *Biological Husbandry: A Scientific Approach to Organic Farming*, Butterworths, 1981. <http://attra.ncat.org/attra-pub/biodynamicap1.html>

KRAV, 2001 KRAV Annual Report, Uppsala, Sweden, 2001. <www.krav.se/arkiv/rapporter/AsredEngelska.pdf>

Kretsloppsföreningen Maskringen, "Basic Ideas and Practical Activities of the Maskringen Self-Sustainers." See also <www.grogrund.net/maskringen/main.html>, March, 2003.

Lahti, Torbjörn, *Eco-Municipality — a concept of change in the spirit of Agenda 21*, prepared for ESAM, November, 1996, revised March, 2000. See <www.esam.se>

Lilienfeld, Robert and William Rathje: *Use Less Stuff: Environmental Solutions for Who We Really Are*, 1998. In William McDonough and Michael Braungart, *Cradle to Cradle*, North Point Press, 2002.

Living Machines, Inc. <www.livingmachines.com>, March, 2003.

Malbert, Björn, "Sustainable Development, a Challenge to Public Planning," *Swedish Planning Towards Sustainable Development*, PLAN: Journal of Swedish Planning, Swedish Society for Town and Country Planning, 1997.

Massachusetts Technology Collaborative, *Green Schools Initiative*, February, 2003. <www.mtpc.org/RenewableEnergy/green_schools.htm>

McDonough, William and Michael Braungart, *Cradle to Cradle: Remaking the Way We Make Things*, North Point Press, 2002.

McDonough, William et.al, *Hannover Principles*, November, 2002. <www.mcdonoughpartners.com/principles.pdf>

National Association of Energy and Environmental Education Professionals, National Award for "A Child's Place in the Environment," October 27, 1998. < www.acpe.lake.k12.ca.us/awards.htm>

National Environmental Education and Training Foundation and Roper Starch Worldwide, *The National Report Card on Environmental Knowledge, Attitudes, and Behaviors: The Sixth Annual Survey of Adult Americans*, November, 1997, as reported by the U.S. EPA Office of Communications, Education, and Media Relations. <www.epa.gov/enviroed/pdf/19-keyfindings.pdf>

National Environmental Education Advancement Project, Status of State Level Environmental Education Programs in the United States, 1995, updated 1998. <www.uwsp.edu/cnr/neeap/statusofee/breakdow.htm>

Nattrass, Brian and Mary Altomare, *The Natural Step for Business*, New Society Publishers, 1999.

Nattrass, Brian and Mary Altomare, *Dancing with the Tiger*, New Society Publishers, 2001.

Newton, City of, "Sunergy Program." < www.ci.newton.ma.us/sunergy/>

North Carolina Triangle J Council of Governments, High Performance Guidelines: Triangle Region Public Facilities, September, 2001. <www.tjcog.dst.nc.us/hpgtrpf.htm>

Onstot, J., R. Ayling, and J. Stanley, "Characterizations of HRGC/MS Unidentified Peaks from the Analysis of Human Adipose Tissue", Volume 1: *Technical Approach*, Washington, DC: U.S. Environmental Protection Agency Office of Toxic Substances (560/6-87-002a), 1987.

Organic Trade Association, "Industry Statistics," Greenfield, MA, March, 2003. <www.atoexpo.com/industrystats.htm>

Paxton, Angela, "The Food Miles Report: The Dangers of Long Distance Transport," 1994, prepared for the Safe Alliance. In *Sharing Nature's Interest*, by Nicky Chambers, Craig Simmons, and Mathis Wackernagel, Earthscan Publications, 2000.

Pennsylvania Department of Education, *Environmental Assignment Scope for Certification*, 1987. <www.teaching.state.pa.us/teaching/cwp/view.asp?>

Physicians for Greater Social Responsibility, *In Harm's Way: Toxic Threats to Child Development*, Physicians for Social Responsibility, 1999.

Revenga, Carmen and Greg Mock, "Freshwater Biodiversity in Crisis," Summary, *EarthTrends*, World Resources Institute, October, 2000.

Robèrt, Karl-Henrik et al, "Strategic Sustainable Development — Selection, Design, and Synergies of Applied Tools," *Journal of Cleaner Production*, Volume 10, 2002.

Robèrt, Karl-Henrik, *The Natural Step Story: Seeding a Quiet Revolution*, New Society Publishers, 2002.

Robèrt, Karl-Henrik, et al., "The Natural Step to Sustainability," *Wingspread Journal*, The Johnson Foundation, Spring, 1997.

Robyn Van En Center for CSA Resources, March, 2003. <www.csacenter.org>

Roodman, David Malin and Nicholas Lenssen, *A Building Revolution: How Ecology and Health Concerns Are Transforming Construction*, 1995. <www.worldwatch.org/pubs/paper/124.html>

Santa Monica, City of, "Sustainable Development Program," 2002. <www.santa-monica.org/environment/policy/SCP2002.pdf>

Saunders, Tedd and Loretta McGovern, *The Bottom Line of Green is Black: Strategies for Creating Profitable and Environmentally Sound Businesses*, Harper, 1993.

SEEDS Foundation, Green School Program, March, 2003. < www.green-schools.ca>

Stockholm, City of, "Stockholm: Investing In Clean Vehicles," Environment and Health Protection Administration, n.d.

Stockholm, City of, "Stockholm: Clean and Green," n.d.

Stokes, C.S. and K.D. Brace, "Agricultural Chemical Use and Cancer Mortality in Selected Rural Counties in the U.S.A.," *Journal of Rural Studies*, 4, 1988. In *Living Downstream* by Sandra Steingraber, Vintage Books, Random House, 1998.

Sustainable Communities Network, "Sustainable Cobscook," March,

2003. <www.sustainable.org/casestudies/SIA_PDFs/SIA_maine.pdf>

Svensson, Sven-Åke, "Introduction to Sustainable Ideas in the Municipality of Eksjö," Eksjö, unpublished paper, August 9, 2001.

Swedish Waste Management 2000, "Towards Sustainable Development — the Implementation of Political Decisions," 2000. <www.rvf.se/avfallshantering_eng/00/rub4.html>

Tallman, Janet, *An Inventory of the Flow of Energy Through a City Farm*, Luleå University of Technology, December, 1999.

The Nature Conservancy, "The Berkshire Taconic Landscape Program," 2002. <http://nature.org/aboutus/projects/berkshire/>

Thornton, Joe, *Pandora's Poison*, Massachusetts Institute of Technology, 2000.

Toronto, City of, "Idling Control Bylaw," 1998-2003. <www.toronto.ca/row/idling.htm>

Transport Canada, "ÉcoloBus — comparative evaluation of ecologically friendly buses," 2003. <www.tc.gc.ca/tdc/projects/road/>

Trivector Traffic, *Eskilstuna Mats: Program for an Environmentally Adapted Transportation System in Eskilstuna*, Report 2001:40, Eskilstuna, September, 2001. (Swedish only)

U.S. Department of Energy Boston Regional Office, "Making Energy is a Breeze in Hull," December, 2001. <www.eere.energy.gov/bro/hull.html>

U.S. Department of Energy Office of Power Technologies, "Consumer Guide to Renewable Energy," March, 2003. <www.eere.energy.gov/power/consumer/buycleanelec.html>

U.S. Department of Energy Smart Communities Network, *Green Buildings*, March, 2003. <www.sustainable.doe.gov/buildings/gbintro.shtml>

U.S. Department of Health and Human Services Agency for Toxic Substances and Disease Registry (ATDSR) *Public Health Statement for Vinyl Chloride*, CAS#75-01-4, September, 1997.

U.S. Department of Health and Human Services Agency for Toxic Substances and Disease Registry (ATDSR) Chromium Toxicity, *Case Studies in Environmental Medicine*, Course SS3048, October, 1992, revised July, 2000. < www.atsdr.cdc.gov/HEC/CSEM/chromium>

U.S. Department of Health and Human Services Agency for Toxic Substances and Disease Registry (ATDSR), <www.atsdr.cdc.gov/glossary.html>

U.S. Department of Health and Human Services Agency for Toxic Substances and Disease Registry (ATDSR), <www.atsdr.cdc.gov/toxprofiles/phs20.html>

U.S. Environmental Protection Agency Green Building Program, *Buildings and the Environment*, updated August 14, 2002. <www.epa.gov/greenbuilding/envt.htm>

U.S. Environmental Protection Agency Office of Pollution Prevention and Toxics, *Chemical Information and Data Development*. <www.epa.gov/opptintr/chemtest/index.htm>

U.S. Geological Survey, "Pharmaceuticals, Hormones, and Other Organic Wastewater Contaminants in U.S. Streams, 1999-2000: A National Reconnaissance," March, 2002.

U.S. General Accounting Office (GAO), *School Facilities: Condition of America's Schools Today*, GAO HEHS-95-61, June, 1996. <www.gao.gov-archive-1996-he96103.pdf>

Umeå Energi, *Dåva Combined Power and Heating Station Report*, Umeå, November, 2002. <www.umeaenergi.se>

Union of Concerned Scientists, *World Scientists' Warning to Humanity*, April, 1997.

Wackernagel, Mathis and William Rees, *Our Ecological Footprint: Reducing Human Impact On the Earth*, New Society Publishers, 1996.

West Start-Calstart, "Electric Buses in Transit Service," 1996. <www.calstart.org/fleets/elbuses.html>

Westman, Bengt, "Local Agenda 21 in Sweden," *Swedish Planning Towards Sustainable Development*, PLAN: Journal of Swedish Planning, Swedish Society for Town and Country Planning, 1997.

Whistler, Resort Municipality of, "Comprehensive Sustainability Plan," April, 2003. <www.whistleritsourfuture.ca/>

Wiklund, Lars, "Case Study No.12: Sala Eco-Municipality," *Stepping Stones*, No.20, United Kingdom Natural Step, December, 1998.

Williams, Ron, "Free Urea Based Fertilizer," 2002. <www.geocities.com/impatients63/FreeUreaBasedFertilizer.htm>

Wilson, E.O., *The Diversity of Life*, Belknap Press of Harvard University Press, 1992.

Wilson, E.O., *The Future of Life*, Borzoi Books, Alfred A. Knopf, 2002.

Wright, John W., ed. *The New York Times Almanac 2003*, Penguin Reference Books, 2002.

Wright, Richard T. and Bernard J. Nebel, *Environmental Science*, 8th ed., Pearson Education, Prentice-Hall, 2002.

Wulf, Margaret, "Is Your School Suffering from Sick Building Syndrome?" prepared for *PTA Today*, Nov/Dec 1993, revised 1997. <www.pta.org/programs/envlibr/sbs1193/htm>

Yang, R.S.H., ed., *Toxicology of Chemical Mixtures*, New York: Academic Press, 1994.

資料

Blomster, Rune, Technical Manager, Municipality of Övertorneå, Sweden, August 17, 2001.

Borgernäs, Ola, Managing Director, Carstedts, Umeå, Sweden, August 13, 2001.

Carlsson, Ulf, Principal, Tegelviken School, Eskilstuna, Sweden, August 6, 2001.

Douglas, Glenn, Kalix Kommun Fisheries Officer, August 18, 2001.

Eskilstuna municipal officials: Hans Ekström, Executive Committee Chair; Lena Sjöberg, Chief Information Officer; Tommy Hamberg; Lars Anderson, Managing Director, Eskilstuna, Sweden, August 6, 2001.

Eskilstuna Energi and Environment: Lynd, Leif, Anders Bjorklund, Eskilstuna, Sweden, August 6, 2001.

Fack, Mats, CEO, Sånga-Säby, Sweden, August 12, 2001.

Falkenberg Energi, Falkenberg, Sweden, August 9, 2001.

Falkenberg municipal officials: Andersson, Jan-Olof, Agenda 21 Coordinator; Environmental Health Office ecologist, Falkenberg, Sweden, August 9, 2001.

Friden, Bertil, Director, Center for Building Preservation (Byggnadsvård Qvarnarp), Eksjö, Sweden, August 10, 2001.

Frikvist, Eino, village association member, Lovikka village, Pajala, Sweden, August 16, 2001.

Ganslandt, Marie, Arkitekt, Björkelkullen Cultural Farm, Bråtadal, Sweden, August 9, 2001.

Helldorf, Nicke, Eskilstuna Nature School at Tegelviken, Eskilstuna, Sweden, August 6, 2001.

Karlstad Town Planner, Karlstad, Sweden, August 7, 2001.

Lindell, Rolf, National Agenda 21 Coordinator, Sånga-Säby, Sweden, August 12, 2001.

Linder, Erik, Övre Bygd Village Association Chairman, Kalix villages, August 18, 2001.

Luleå municipal officials: Lena Bengten, Eco-Coordinator; Bo Sundström, City Planner, Luleå, Sweden, August 15, 2001.

Lundgren, Eva, Lena Richard, and Anders Lund, Ekocentrum, Göteborg, Sweden, August 8, 2001.

Olsson, Anders and Jonas Lagneryd, Environmental Action Värmland, Degerfors, Sweden, August 7, 2001.

Robèrt, Karl-Henrik, Kalmar, Sweden, August 11, 2001.

Sandlund, Jan, Bölebyn Garveri, Piteå, Sweden, August 14, 2001.

Sannebro, Magnus, Agenda 21 Coordinator, Stockholm, Sweden, August 5, 2001.

Sundgren, Lisen, herbalist, Rosendal Garden, Stockholm, Sweden, August 5, 2001.

Tiberg, Nils, Maskringen Farm, Gäddvik, Sweden, August 15, 2001.

Ylvin, Sten and Lennart Wanhaniemi, Kangos village, Pajala, Sweden, August 16, 2001.

McDonough, William, Harvard Business School, April 14, 2003.

索　引

（ゴシック体はコミューンを表しています）

【ア】

アジェンダ21　5, 16〜18, 21, 26, 33〜35, 42, 76
アレクサンダー，クリストファー　163
アンダーソン，レイ　65, 100
イエッドヴィーク（Gäddvik）集落　76
イエリヴァーレ（Gällivare）　143, 144, 190
イケア（IKEA）　4, 5, 101, 113
ESAM　24, 25, 30
市島町　30〜34
インターフェース社（Interface Corporation）　100
ウイルソン，E・O　207
win-win-win 戦略　52, 60, 77
ヴェームランド県（Värmland）　87, 94, 120〜122
オーサ（Orsa）　41, 42
ウプサラ（Uppsala）　166
ウメオ（Umeå）　58〜62, 76, 102, 111
ウルリシハム（Ulricehamn）　159
ウンデンステーンスホイデン（Understenshöjden）　81, 83〜88
エークショ（Eksjö）　123, 125, 190, 196〜198, 201〜203
エーケビー湿地　198〜201
エケロ（Ekero）　21
エコヴィレッジ――コーハウジング
エコセントルム（環境教育センター）　163〜167
エコチーム　196〜198
エコツーリズム　144, 211, 247
エコドライビング　69, 73〜75
エコ・ニッチ　146, 182
エコパーク　174
エコロジカル・フットプリント　80, 189
エスキルストゥーナ（Eskilstuna）　52〜55, 66〜70, 150〜156, 190, 198〜201
FSC 認証　114, 218
エリクソン，カール＝エリク　41
エレクトロラックス社（Elextrolux）　5
エングスハーゲル基礎学校　227
オーバートーネオ（Övertorneå）　24, 25, 28, 33, 42, 52, 56〜58, 73〜75, 77, 81, 91, 145, 155, 156, 158, 182
オーブレ・ビュグド　132〜134
温室効果ガス　6, 61, 62, 65, 79, 166, 223, 224

【カ】

カーシェアリング・システム　72, 76
カーリックス（Kalix）　119, 130～136, 145, 179, 182, 210～212
カルマル（Kalmar）　245
カールスタッド（Karlstad）　81, 87, 94, 97
環境自治体会議　30
環境にやさしい運転テクニック——エコドライビング
環境によい選択　197
環境の迷宮　229
環境配慮型住宅　79～98
環境法廷　61
環境民主主義　236, 237
カンゴス集落（Kangos）　50～52, 130, 135～139, 145, 158, 195
クバナープ建造物保存センター　123～125
KRAV　183～185, 197, 218
グリーン購入　120, 219
グリーンゾーン　102～112
グリーンピース　14, 15, 17, 19
グリーンマーケット戦略　120, 121
グリーンリターン　69
グローバル・アクション・プラン　196
国連環境開発会議（地球サミット）　15, 42, 136, 239
国連人間環境会議　239, 243
コージェネレーションバイオマスプラント　53～55, 201
コストサービス（配食センター）　182
子どもジャングル　15
コーハウジング　82, 84
コリンス・パイン・カンパニー（Collins Pine Company）　101
コルボーン, シーア　170

【サ】

サケ漁　208～212
サステイナブル・スウェーデン・ツアー　24～26, 30, 33, 234, 237
サーミ（Sámi）　58, 130, 140～144, 146
サーラ（Sala）　216, 224～230
サリン, モーナ　19
JM建設　5
シークネス集落（Siknas）　135
自然享受権　237, 238
持続可能省　19
シックハウス症候群　79, 86, 97, 149, 151
白川村　30, 31
スウェーデン・アレルギー教会　113, 115
スウェーデン園芸協会　173
スウェーデン自然保護協会　92
スウェーデン・マクドナルド社　5, 102～104, 106～110
スオモーサルミー（Suomussalmi）　42
スカンディックホテル（Scandic Hotel）　5, 100, 183
スタットオイル社（Statoil）　102～107, 109, 110
スッキシバーラ（Suksivaara）　140
ストックホルム（Stockholm）　75～77, 81,

索　引　269

83, 85, 91, 112～115, 118, 120, 131, 135,
　172, 175, 239, 243
スプロール型の開発　80, 129, 170
スポーツフィッシング　211, 212
世界自然保護基金（WWF）　14, 15
セーコム（SeKom）　40, 43, 202, 224
ゼロエミッション　234, 235, 244, 245
ソーラーコレクター　88
ソロー，ヘンリー・デイビット　79
ソンガ・セービ（Sånga-Säby）　100

【タ】

太陽光パネル　48, 49, 51, 85, 102, 105, 111,
　119, 152, 165
脱化石燃料化　14, 56, 57
地域暖房供給システム（プラント）　46, 48,
　54, 56, 57, 59, 62, 85
地球サミット──国連環境開発会議
地熱ポンプ　104, 113
地方分権　4, 34, 35
ツヴェーレッド基礎学校　159～163
ツッゲリーテ（Tuggelite・環境配慮型住
　宅）　81, 87, 88
デーゲフォーシュ（Degerfors）　52, 55, 56,
　122, 123
テーゲルヴィーケン基礎学校　150,
　152～156
ドーヴァコージェネプラント　60～62

【ナ】

ナチュール・ヴェルメ社（Natur Värme）
　118
ニフスアープスマーデン湿地　201
ニーフ，マックス　10
にんじんアプローチ　71
ノールメエリエル農業組合　182
ノルディック・スワン　197
ノルボッテン県（Norbotten County）　137

【ハ】

パアイメンテル，デイビット　169
バイオガスプラント　77
バイオダイナミック農法　174, 175
パーション，ヨーラン　18, 239
バックキャスティング　5, 11～14, 37
バッグボレリ　59
パッシブソーラーシステム　160, 227, 228
パヤラ（Pajala）　50, 118, 119, 135, 140,
　194～196
ピーテオ（Piteå）　116
ビスコープゴーデン地区（Biskopsgården）
　220, 221
ビュグド　90, 91
ピラミーデン地区（Pyramiden）　81,
　91～94
ファック，マッツ　112～115
FaBo住宅会社　97, 98
ファルケンベリ（Falkenberg）　46～49, 81,
　97, 98, 159, 208～210, 212, 213
フィエル・アジェンダ　144
風力発電（所）　47, 48, 88, 104
富栄養化　199

フォード社（Ford） 76, 102～105,
　107～111
フォード，ビル・Jr 111
ブランドメスタレン住宅 95, 97
ブルントラント博士 217
ベジタブルオイル 108, 109, 114, 115, 118
ベーリション地区（Bergsjön） 221～223
ベニュウス，ジェナイン 169, 170
ヘリエダーレン（Härjedalen） 144
ホーケン，ポール 188
ボトムアップ 15, 16, 19, 28, 33, 35
ボリーデン地域（Boliden） 190
ボーリデン社（Boliden） 192, 194
ボーレビィン製革所（Bölebyn Garveri Tannery） 116～118
ホルムベリー，ジョン 41

【マ】

マクドーノグ，ビル 189
マスクリンゲン農業組合 176～179
ミィリョフォースクーラ（環境就学前学校） 156～158
メーラーダーレン地域（Mälardalen region） 53
木質ペレット 17, 18, 57, 60, 61, 85, 88, 152, 165
森のムッレ教室 19, 20, 32, 157

【ヤ】

野外生活推進協会 19, 157

有機食品商業協会 171
ユノスアンド集落（Junosuando） 118
ヨックモック（Jokkmokk） 143, 144
四つのシステム条件 5～11, 18, 41, 66, 67, 80, 100～102, 109, 110, 112, 159, 198, 215, 225, 229, 230, 240～242, 248
ヨーテボリ（Göteborg） 125, 163, 176, 216～224

【ラ】

ライトパイプ 104
ライフサイクル分析 94～97, 120
ラポニア（Laponia） 144
リキッドバー 107, 108
リーダーに対する信頼 238, 239
リチュールヒューセット（集会所） 222, 223
リネアの庭 228
ルースクーラ・エーコビー（Ruskola Ekoby） 89, 90
ルービッカ集落（Lovikka） 190, 194～196
ルーレオ（Luleå） 70～75, 176
ルンドベック夫妻 179～183, 185
漏斗の壁 6, 7, 128, 163
ローカル・アジェンダ21 16
ローゼンダール農園 172～176
ロバーツフォーシュ（Robertfors） 23, 32
ロベール，カール＝ヘンリク 4, 5, 21, 24, 41, 189
ロンシャール精錬所 190～194

一般社団法人　国際 NGO ナチュラル・ステップ　ジャパンのご案内

　国際 NGO ナチュラル・ステップ　ジャパンは、社会・環境・経済すべての面において持続可能な社会を築くことを目的に、1999年より日本で活動しています。自治体や企業、NGO/NPO などあらゆる組織の方々を対象に、ナチュラル・ステップのフレームワークに基づき、以下のサービスを行っています。

- ●コンサルティング：組織の活動を持続可能の観点から評価し、改善のための提言をする「持続可能性分析」、分析に基づき環境報告書などで意見を掲載する「第三者意見」、持続可能性に向けたビジョン策定支援、環境戦略策定支援等
- ●教育・啓発：トップ対象のセミナーをはじめ、従業員への教育、組織内ファシリテーター養成等
- ●研究開発：持続可能性に関する各種研究委託、政策提言のための研究、コンセンサス・ドキュメントの作成等

一般社団法人　国際 NGO ナチュラル・ステップ　ジャパン

URL：http://www.naturalstep.org/ja/japan

3刷に際しての補記

　2011年3月11日の東日本大震災と福島原発事故から、1年以上が経つ。ナチュラル・ステップの提唱する持続可能な社会の原則に照らし合わせると原発は、4原則のすべてに違反しており、持続可能な社会に属するエネルギーシステムではないということが理解できる。日本もスウェーデンも、脱原発を目指し、再生可能で、かつ4原則を満たす持続可能なエネルギーシステムにシフトする必要がある。

　この本の著者であるトルビョーン・ラーティー氏が、2012年2月に東北大学・国連大学、国際大学協力会が主催したグローバルセミナーに招聘され来日した。ラーティー氏は、基調講演で「災害に強い持続可能な街づくり」と題して、持続可能な原則からバックキャスティングをして、復興に取り組む必要性を語った。ラーティー氏は、また、海と田んぼからのグリーン復興プロジェクトを視察し、世界が日本から学ぶことが多いと語り、東北地方は、持続可能なコミュニティーのモデルケースとなる可能性を秘めているとエールを送っている。この本が、日本の持続可能な発展に少しでも参考になることを願う。

高見幸子

翻訳・編集協力者一覧

株式会社クレアン
　　　代表取締役　薗田綾子
　　　宇井美香・上原泉
〒108-0071
東京都港区白金台3－19－6　白金台ビル5F
Tel：03-5423-6920
URL：http://www.cre-en.jp/
事業内容：CSRコミュニケーション事業、コンサルティング事業

スカンジナビア政府観光局
〒102-0074
東京都千代田区九段南2－3－25　シークスビル9F
URL：http://www.visitscandinavia.org/ja/japan/

監訳・編著者紹介
高見幸子（たかみ・さちこ）

1974年よりスウェーデン在住。
1995年から、スウェーデンへの環境視察のコーデイネートや執筆活動等を通じてスウェーデンの環境保護などを日本に紹介。
1999年から、国際環境NGOナチュラル・ステップの日本事務所の設立に関わり、現在、ナチュラル・ステップ　ジャパン代表。
企業・自治体の環境教育や環境対策の支援活動中。

著書・共著書
『日本再生のルール・ブック』（海象社、2003年）、『北欧スタイル快適エコ生活のすすめ』（共著・オーエス出版、2000年）、『エコゴコロ』（共著・共同通信社、2006年）など。

訳書
『自然のなかに出かけよう』スティーナ・ヨーハンソン著（日本野外生活推進協会、1997年）、『ナチュラル・チャレンジ』カール・ヘンリク・ロベール著（新評論、1998年）、『幼児のための環境教育』岡部翠編（共著、新評論、2007年）

「解説」者紹介
伊波美智子（いは・みちこ）

1945年生まれ。国立大学法人琉球大学教授。デンバー大学大学院修士課程修了。専門分野はマーケティング及び環境経営。ナチュラル・ステップ、国連大学ゼロエミッション・フォーラムの他、沖縄ゼロエミッション推進実行委員会等のNPO活動にも携わり、大学においてはエコロジカル・キャンパス活動を推進している。エコロジーとエコノミーが対立するのでなく、双方にプラスとなる持続可能な社会をつくるための方法論を研究課題としている。
「顧客満足と脱物質文明」、「ゼロエミッション―自然生態系に学ぶ経営思想―」、「持続可能な社会の構築に関わるマーケティングの課題」、他マーケティングおよび環境問題に関する論文および随筆多数。

スウェーデンの持続可能なまちづくり
——ナチュラル・ステップが導くコミュニティ改革——　　（検印廃止）

2006年 9 月20日　初版第 1 刷発行
2008年 3 月31日　初版第 2 刷発行
2012年10月31日　初版第 3 刷発行

監訳・編著者　高　見　幸　子
解　説　　　伊　波　美智子
発行者　　　武　市　一　幸

発行所　株式会社　新　評　論

〒169-0051　東京都新宿区西早稲田3-16-28
http://www.shinhyoron.co.jp
TEL 03 (3202) 7391
FAX 03 (3202) 5832
振替 00160-1-113487

落丁・乱丁はお取り替えします。
定価はカバーに表示してあります。

印　刷　フォレスト
製　本　中永製本所
装　丁　山田英春

©高見幸子他　2006　　Printed in Japan
ISBN4-7948-0710-4 C 0036

よりよくスウェーデンを知るための本

A.リンドクウィスト，J.ウェステル／川上邦夫訳 **あなた自身の社会**	A5 228頁 2310円 〔97〕	【スウェーデンの中学教科書】社会の負の面を隠すことなく豊富で生き生きとしたエピソードを通して平明に紹介し、自立し始めた子どもたちに「社会」を分かりやすく伝える。
B.ルンドベリィ＆K.アブラム＝ニルソン／川上邦夫訳 **視点をかえて** ISBN 4-7948-0419-9	A5 224頁 2310円 〔98〕	【自然・人間・社会】視点をかえることによって、今日の産業社会の基盤を支えている「生産と消費のイデオロギー」が、本質的に自然システムに敵対するものであることが分かる。
藤井威 **スウェーデン・スペシャル（Ⅰ）** ISBN 4-7948-0565-9	四六 276頁 2625円 〔02〕	【高福祉高負担政策の背景と現状】元・特命全権大使がレポートする福祉国家の歴史、独自の政策と市民感覚、最新事情、そしてわが国の社会・経済が現在直面する課題への提言。
藤井威 **スウェーデン・スペシャル（Ⅱ）** ISBN 4-7948-0577-2	四六 324頁 2940円 〔02〕	【民主・中立国家への苦闘と成果】遊び心に溢れた歴史散策を織りまぜながら、住民の苦闘の成果ともいえる中立非武装同盟政策と独自の民主的統治体制を詳細に検証。
藤井威 **スウェーデン・スペシャル（Ⅲ）** ISBN 4-7948-0620-5	四六 244頁 2310円 〔03〕	【福祉国家における地方自治】高福祉、民主化、地方分権など日本への示唆に富む、スウェーデンの大胆な政策的試みを「市民」の視点から解明する。追悼　アンナ・リンド元外相。
河本佳子 **スウェーデンののびのび教育**	四六 256頁 2100円 〔02〕	【あせらないでゆっくり学ぼうよ】意欲さえあれば再スタートがいつでも出来る国の教育事情（幼稚園～大学）を「スウェーデンの作業療法士」が自らの体験をもとに描く！
河本佳子 **スウェーデンの知的障害者** ISBN 4-7948-0696-5	四六 252頁 2100円 〔06〕	【その生活と対応策】「支援」はこのようにされていた！　多くの写真で見る知的障害者の日常、そして、その生活を実現した歴史的なプロセスはどんなものだったのか？
伊藤和良 **スウェーデンの分権社会** ISBN 4-7948-0500-4	四六 263頁 2520円 〔00〕	【地方政府ヨーテボリを事例として】地方分権改革の第2ステージに向け、いま何をしなければならないのか。自治体職員の目でリポートするスウェーデン・ヨーテボリ市の現況。
伊藤和良 **スウェーデンの修復型まちづくり** ISBN 4-7948-0614-0	四六 304頁 2940円 〔03〕	【知識集約型産業を基軸とした「人間」のための都市再生】石油危機・造船不況後の25年の歴史と現況をヨーテボリ市の沿海に見ながら新たな都市づくりのモデルを探る。
ペール・ブルメー＆ビルッコ・ヨンソン／石原俊時訳 **スウェーデンの高齢者福祉** ISBN 4-7948-0665-5	四六 188頁 2000円 〔05〕	【過去・現在・未来】福祉国家スウェーデンは一日して成ったわけではない。200年にわたる高齢者福祉の歩みを一貫した視覚から辿って、この国の未来を展望する。
飯田哲也 **北欧のエネルギーデモクラシー** ISBN 4-7948-0477-6	四六 280頁 2520円 〔00〕	【未来は予測するものではない、選び取るものである】価格に対して合理的に振舞う単なる消費者から、自ら学習し、多元的な価値を読み取る発展的「市民」を目指して！

※表示価格はすべて税込み定価・税5％。